天然晶质石墨典型产品
加工技术与创新示范

张海军　阚　侃　张晓臣◇著

黑龙江大学出版社

HEILONGJIANG UNIVERSITY PRESS

哈尔滨

图书在版编目（CIP）数据

天然晶质石墨典型产品加工技术与创新示范 / 张海军，阚侃，张晓臣著． -- 哈尔滨：黑龙江大学出版社，2024.4
ISBN 978-7-5686-1125-1

Ⅰ．①天… Ⅱ．①张… ②阚… ③张… Ⅲ．①石墨－加工 Ⅳ．① O613.71 ② TB32

中国国家版本馆 CIP 数据核字（2024）第 082884 号

天然晶质石墨典型产品加工技术与创新示范
TIANRAN JINGZHI SHIMO DIANXING CHANPIN JIAGONG JISHU YU CHUANGXIN SHIFAN
张海军　阚　侃　张晓臣　著

责任编辑　李　卉
出版发行　黑龙江大学出版社
地　　址　哈尔滨市南岗区学府三道街 36 号
印　　刷　天津创先河普业印刷有限公司
开　　本　720 毫米 ×1000 毫米　1/16
印　　张　12
字　　数　203 千
版　　次　2024 年 4 月第 1 版
印　　次　2024 年 4 月第 1 次印刷
书　　号　ISBN 978-7-5686-1125-1
定　　价　47.00 元

本书如有印装错误请与本社联系更换，联系电话：0451-86608666。

前　　言

天然石墨是碳元素的结晶矿物之一，广泛应用于冶金、机械、电子、电池、耐火材料等领域。我国天然晶质石墨资源丰富，是目前最大的天然晶质石墨生产国和应用国。近年来，新能源汽车的跨越式发展进一步推动了天然晶质石墨在新能源、新材料、电子器件等领域的应用与拓展，同时石墨烯新材料应用领域的迅速扩张也把天然晶质石墨深加工与石墨烯新材料开发推向一个新的研究热潮。但从目前天然晶质石墨深加工产品及石墨烯应用种类来看，大多产品存在质量不优、价值不高、种类重复等问题，如高纯石墨消耗能源过多且对环境不友好。在此背景下，本书的出版希望能对石墨产业发展尽微薄之力。

本书从石墨的选矿与提纯以及球形石墨、可膨胀石墨、新型石墨烯、石墨尾矿综合利用等整条线开展系列研究，列举了多项自制设备及配套工艺，并对相对应的实验结果做出解释和说明，理论上可能存在不系统与不完善、实验数据与工业生产有偏差等情况，但也希望与相关科研工作者对其中的技术做深入交流。

本书相关实验数据仅限于本书实验设备与条件，在未经作者同意或和本作者沟通情况下，企业或个人模仿本书的设备或工艺所造成的负面后果，本作者概不负责。

由于笔者的水平和能力有限，书中难免存在疏漏和不当之处，敬请读者批评指正。

目　　录

第1章 绪 论

1.1 天然石墨资源情况概述

1.1.1 天然石墨的性质与分类

天然石墨是碳元素的结晶矿物之一，广泛应用于冶金、机械、电子、耐火材料等行业，是当今高新技术发展必不可少的材料。天然石墨按照种类可分为隐晶质石墨和晶质石墨两种。隐晶质石墨又称土状石墨或无定形石墨，碳含量最高可达80%，但不易于选矿，在目前技术条件下，通过浮选方法很难得到碳含量为90%以上的产品，导致其应用面较窄，主要应用于坩埚等中低端产品。晶质石墨由类石墨烯的片层结构叠加而成，如图1-1所示，具有较好的导热性和导电性，同时耐高温、耐腐蚀，已广泛应用于新能源、新材料、电子器件等领域。天然晶质石墨矿床又可分为大鳞片石墨矿床和细鳞片石墨矿床，大鳞片石墨正100目石墨精粉产出率在40%左右，可制备高质量可膨胀石墨，广泛应用于阻燃、密封、散热等行业。细鳞片石墨负100目石墨精粉产出率在80%以上，可制备高振实密度的球形石墨，同时兼备成球率高、提纯容易等优势，是制备锂离子电池的天然负极材料。

（a）

（b）

图 1 - 1　天然晶质石墨的 SEM 图

（a）表面形貌；（b）横面形貌

1.1.2　天然石墨的资源分布

我国晶质石墨资源储量丰富,主要分布在黑龙江省、山东省等地。黑龙江省石墨保有资源储量丰富,占全国晶质石墨储量 50% 以上。

1.2 天然晶质石墨典型产品与加工技术发展趋势

1.2.1 天然晶质石墨典型产品

天然晶质石墨加工产品链如图1-2所示。其典型主流产品有高碳石墨,即碳含量为95%左右的石墨精粉;高碳石墨经氧化插层生成的可膨胀石墨,膨胀倍率通常在200 mL/g以上;可膨胀石墨经高温膨胀生成的"蠕虫"石墨;"蠕虫"石墨经高压均质机分散形成的石墨烯;"蠕虫"石墨经碾压制备的石墨板、石墨纸;石墨板与不锈钢缠绕压制形成的密封垫片;石墨纸经裁剪、表面处理形成的散热膜;高碳石墨经处理形成的球形石墨;球形石墨经提纯处理形成的高纯球形石墨;高纯球形石墨经沥青等包覆、碳化形成制备锂离子电池的天然负极材料。

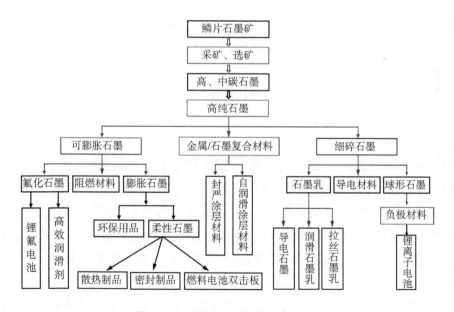

图1-2 天然晶质石墨加工产品链

1.2.2　天然晶质石墨典型产品加工技术发展趋势

我国天然晶质石墨矿的开采以露天开采为主,开采技术向智慧化发展,逐步建立精准爆破系统,提高矿山开采率,降低贫化率和剥采比。采用无人装车和运输降本增效,运输等设备从油动系统向新能源系统转变。选矿设备向大型化、节能化、数字化转变,传统煤油逐步被环保型浮选药剂替代,选矿回收率提高至85%以上。尾矿排放工艺逐步由湿法向干法转变,逐步提高尾矿资源化利用率。

可膨胀石墨制备实现由双氧水、电化学氧化为主,替代以重铬酸钠为氧化剂的生产技术,可膨胀石墨产品实现低硫、低灰、高膨胀倍率;进一步提高球形石墨球化率,球形尾料实现高附加值应用与开发;以天然晶质石墨制备的石墨烯实现规模化、低成本、低排放生产,石墨烯新材料、新产品得以系列开发与应用。

总之,石墨加工设备向大型化、专业化方向发展,知识运用向多学科、多融合方向发展,研究开发向新领域、新技术方向发展,性能提升向数字化、系统化方向发展,应用向多领域、高质量方向发展。

1.3　天然晶质石墨应用情况与预测

近年来,天然晶质石墨消费结构从传统炼钢、保温材料等领域逐步向新能源、新材料领域发展。2022 年,全球天然晶质石墨产量约为 160 万吨,我国的天然晶质石墨产量约为 80 万吨。天然晶质石墨制备的锂离子电池负极材料约占负极材料总量的 25%;动力汽车锂离子电池通常追求更高的循环倍率,人造石墨负极应用占比较高;而储能用电池往往追求较低的原材料成本,天然石墨制备负极材料的最大优势在于成本较低。所以,中短期内储能电池天然石墨负极成为主流。

可膨胀石墨及下游产品尤其是高导热石墨材料,在人工石墨膜市场占比越来越高,主要由于聚酰亚胺膜碳化、石墨化后的散热膜沿平面导热率较高,而且兼备韧性好、厚度最低可达 20 μm 等优势,已逐渐替代天然石墨导热膜应用于手机、电脑等行业。其他应用于传统炼钢、保温材料等天然晶质石墨的需求量将保持平稳增长。图 1 - 3 为 2025 年天然晶质石墨需求结构的预测。

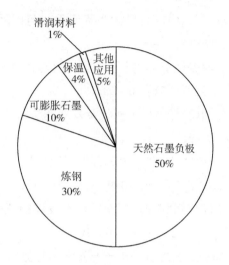

图 1 - 3　2025 年天然晶质石墨需求结构的预测

1.4　本章参考文献

[1] 孙传尧，申士富，王文利，等. 石墨资源及材料产业高质量发展战略研究
　　 [J]. 中国工程科学，2022，24(3)：29 - 39.

[2] 王政. 全球鳞片石墨资源与消费预测[J]. 采矿技术，2021，21(5)：184 -
　　 186,191.

[3] 李晓娜，夏鹏，朱清. 全球石墨资源开发现状及我国石墨行业发展建议
　　 [J]. 现代矿业，2021，37(2)：5 - 9.

[4] 左力艳，张万益，李状. 全球石墨资源产业现状分析与我国石墨行业发展
　　 建议[J]. 矿产保护与利用，2019，39(6)：32 - 38.

[5] 孟兆磊. 我国天然石墨行业可持续发展问题研究[D]. 北京：北京科技大
　　 学，2021.

[6] 王旭东. 我国煤炭行业高质量发展指标体系及基本路径研究[J]. 中国煤
　　 炭，2020，46(2)：22 - 27.

[7] 张苏江, 崔立伟, 张彦文, 等. 国内外石墨矿产资源及其分布概述[J]. 中国矿业, 2018, 27(10): 8 - 14.

[8] 安彤, 马哲, 刘超, 等. 中国石墨矿产资源现状与国际贸易格局分析[J]. 中国矿业, 2018, 27(7): 1 - 6.

[9] 易承生. 国内外石墨资源分布特征、开发利用现状及进一步勘查开发分析[J]. 现代矿业, 2019, 35(7): 16 - 21.

[10] 杜庆洪, 杨绍军. 中国石墨行业现状及发展趋势[J]. 中国非金属矿工业导刊, 2020(6): 8 - 9.

[11] 刘艳飞, 陈正国, 颜玲亚, 等. 全球石墨资源现状、生产、消费及贸易格局[J]. 中国非金属矿工业导刊, 2019(S1): 13 - 17.

[12] 王炯辉. 从"硅时代"到"碳时代"全球矿业发展的新机遇: 三论新技术矿产[J]. 中国矿业, 2022, 31(1): 6 - 10.

[13] 杨卉芃, 张亮, 刘磊. 国外石墨矿产开发利用趋势[J]. 矿产保护与利用, 2019, 39(6): 14 - 21.

[14] 安彤, 李建武. 全球石墨资源供需现状及趋势分析[J]. 中国矿业, 2017, 26(9): 11 - 15, 20.

[15] 张苏江, 王楠, 崔立伟, 等. 国内外石墨资源供需形势分析[J]. 无机盐工业, 2021, 53(7): 1 - 11.

[16] 张少铎, 吴相利. 黑龙江省石墨产业发展战略初探[J]. 科学技术创新, 2020(11): 12 - 16.

[17] 卢雪. 鸡西市石墨行业发展情况研究[J]. 统计与咨询, 2023(5): 44 - 45.

[18] 唐藤轩, 刘媛, 黄斌. 基于产业链的江苏先进碳材料产业发展路径研究[J]. 江苏科技信息, 2022, 39(35): 16 - 18.

[19] 马天宇, 宿晓明, 曲晖, 等. 黑龙江省石墨产业发展方向研究[J]. 矿产勘查, 2022, 13(9): 1405 - 1412.

[20] 殷武, 冯天然. 我国石墨资源、市场与技术现状及发展趋势[J]. 现代矿业, 2020, 36(8): 147 - 148, 153.

[21] 刘超, 赵汀, 安彤. 中国石墨产业现状与未来趋势分析[J]. 桂林理工大学学报, 2018, 38(2): 245 - 249.

[22] 杨莳, 王贝贝, 周进生. 我国石墨资源勘探开发现状和产业发展思考[J].

资源与产业，2017,19(6):57 – 63.

[23]杨青,耿涌,孙露,等. 天然石墨矿及球形石墨价值的能值核算[J].生态学杂志，2017,36(9):2592 – 2604.

[24]曹烨,卓锦新,邹振东,等. 中国石墨资源形势及其产业升级的出路——基于石墨烯的应用和发展趋势的分析[J].现代化工，2017,37(7):1 – 5。

[25]寇林林,陈江,韩仁萍,等. 东北地区石墨资源量潜力及未来发展对策探讨[J].地质与资源，2017,26(2):203 – 208.

第 2 章　高碳天然石墨产品与晶质石墨物理法选矿技术

我国天然晶质石墨以露天开采为主,目前黑龙江省已建设了智能化矿山,并采用了精细化爆破等先进手段,有效降低了采矿的贫化率和剥采比,实现了一矿多用,即一家采矿厂总体开发石墨矿山,向多户选矿企业提供矿石。选矿企业采用浮选法对矿石进行初加工,形成碳含量为95%左右的高碳石墨初级产品,逐步提升选矿回收率。总体来看,我国石墨采矿向智能化与信息化发展,选矿向设备大型化与节能化转变,现有的设备与技术也已达到世界先进水平,但设备与技术尚存突破的空间。

2.1　天然晶质石墨选矿技术现状与问题分析

浮选法是一种常用的方法,它是矿物常规提纯方案中能耗与试剂消耗少、成本低、用水可形成闭路循环的一种传统工艺。石墨与杂质元素面扫描图如图 2-1 所示,可见 Si、Al、Ca、Fe 等杂质将 C 元素紧密包裹与覆盖,并且由于天然晶质石墨具有较好的疏水性(图 2-2),同时为片状结构,易于随气泡上浮,所以通过磨矿等技术手段,目标矿物石墨与杂质能够有效分离,再通过浮选法制备碳含量较高的晶质石墨产品。

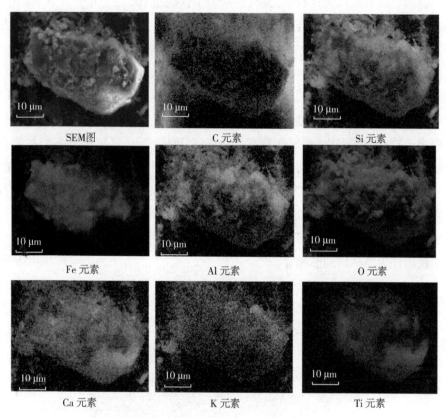

图 2-1　石墨与杂质元素面扫描图

图 2-2　石墨与水的润湿角测定

以黑龙江省某厂鳞片石墨为例,厂家为了保证正100目石墨产出比,采用7磨9选工艺路径,产品固定碳含量通常为94%左右,正100目石墨产出比通常可达30%以上,石墨资源地不同,石墨性质也不同。多磨多选的数量没有统一标准,大多企业采用9磨11选工艺路径,产品固定碳含量通常可达到95%左右,继续进行再磨再选,产品碳含量最高可达98%以上,其表面形貌如图2-3所示。图中方框内鳞片石墨的边缘发生卷曲及破坏,因此,通常要保证大鳞片石墨出现较高的产出比,磨矿次数就要减少,反面的影响会导致最终产品碳含量较低,另外磨矿次数增加,石墨破坏严重,而且采用浮选法制备的石墨精矿品位只能达到一定的范围,因为部分杂质呈极细粒附着在石墨表面或两个单体石墨之间,即使多次精磨也不能完全让其与石墨单体解离,难以彻底除去这部分杂质。因此,我国大多石墨选矿企业采用浮选法生产碳含量为95%的天然晶质石墨精粉作为原材料商品销售。

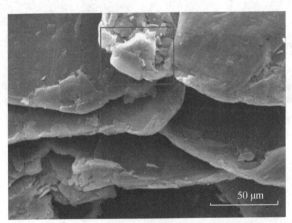

图2-3　多磨多选碳含量达到98%的鳞片石墨的SEM图

天然晶质石墨选矿流程图如图2-4所示,选矿过程中,能耗较高的部分为磨矿工序,其设备包括颚式破碎机、圆锥破碎机、筛分机、球磨机,其中颚式破碎机、圆锥破碎机间歇运行,筛分机以及球磨机连续运行。粗扫、精选工序设备包括浮选机和精磨机。压滤烘干工序包括压滤机脱水、滤饼进入回转窑炉干燥,采用燃气锅炉烟气作为干燥热源,最终产出精粉产品。

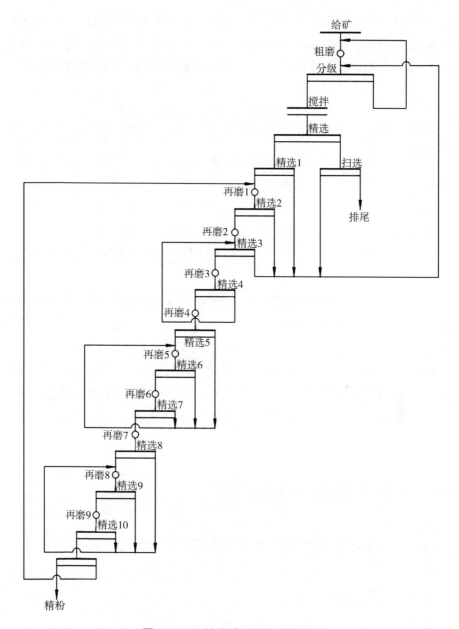

图 2-4　天然晶质石墨选矿流程图

表 2-1 为企业精粉产品单产电耗及电费调研表,可见在产品碳含量基本相同的情况下,不同企业在设备选用上的差异使单产电耗存在较大差异。企业

1 配套设备功率在所调研的 4 个企业中最大,当生产产能未完成释放时,造成能耗较高是一种必然结果。部分企业在破碎工序考虑了峰谷用电调整、相应支持政策等,为石墨园区根据支持政策设立"源网荷储"相关设施提供相应依据。

表 2 - 1　企业精粉产品单产电耗及电费调研表

企业名称	产品碳含量/%	配套设备功率/kW	单产电耗/(kWh·t⁻¹)	单产电费/(元/吨)	综合电费/(元/千瓦时)
企业 1	95.2	8196	877.29	482.23	0.54
企业 2	95.1	2175	316.86	221.80	0.70
企业 3	95.0	6455	743.25	527.71	0.71
企业 4	94.9	6924	453.59	326.68	0.72

　　晶质石墨浮选常用的捕收剂为煤油、柴油、重油、磺酸酯、硫酸酯、酚类和羧酸酯等,常用起泡剂为二号浮选油(2#油)、四号浮选油(4#油)、松醇油、醚醇油和丁醚油等,调整剂通常为石灰和碳酸钠,抑制剂通常为水玻璃和石灰。

　　综上所述,晶质石墨选矿设备向大型化、节能化、数字化方向发展,要尽快实现闪点高、环保型浮选药剂取代常用的煤油与 2#油,研发新型石墨杂质和石墨鳞片高效解离的技术与设备,破解鳞片保护与较高碳含量产品兼顾的技术难题。

2.2　新型选矿技术工艺设计

2.2.1　新型浮选药剂替代工艺与验证

2.2.1.1　药剂选择

　　本书采用 BK618 捕收剂替代煤油,其与石墨润湿角如图 2 - 5 所示,其中,煤油的润湿角为 15.56°,BK618 的润湿角为 14.62°,表明以 BK618 取代煤油具有一定的可行性;同时采用 BK201 起泡剂替代 2#油;调整剂与抑制剂采用石灰。

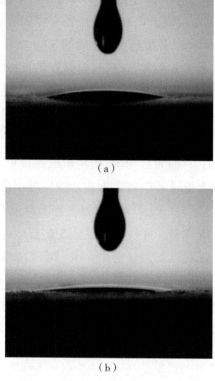

（a）

（b）

图 2-5　石墨与不同捕收剂的润湿角

（a）煤油；（b）BK618

2.2.1.2　数据检测方法

每 12 h 取混合样进行原矿固定碳含量分析，每 12 h 进行综合精矿样品的固定碳含量分析，每 12 h 进行尾矿样品的固定碳含量分析，碳含量的测定参照《炭素材料灰分含量的测定方法》（GB/T　1429—2009）。

2.2.1.3　加药工艺设计与实验结果

在黑龙江某厂 9 磨 11 选的工艺流程下进行大规模工业化实验，在给矿处，石灰用量按矿石每小时处理 50 t 计算，每小时加 75 kg 左右；在分级机溢流处，

BK618用量按矿石每小时处理50 t计算,每小时加15 kg左右,BK201每小时加3 kg左右;在扫选部分仅加BK201,用量按矿石每小时处理50 t计算,每小时加3 kg左右;在精选2、精选4、精选6、精选8设置4个加药点,仅加BK618,用量按矿石每小时处理50 t计算,各加药点每小时加3 kg左右。

每12 h进行取样,检测6批样,未能精确做到每批样为600 t,但与每小时设计处理50 t石墨原矿石相差不大,因此可有效说明问题。6批样原矿、精矿、尾矿品位趋势变化如表2-2所示,序号4与序号5在入矿品位相同的情况下,序号5尾矿固定碳含量高于序号4,成品的固定碳含量低于序号4。该厂9磨11选采用煤油为捕收剂,2#油为起泡剂,按精粉成品计算,分别用至8.5 kg和1.5 kg情况下,固定碳含量通常在95%左右。按序号4精粉产量计算,煤油与2#油原工艺所需量分别为541 kg和95 kg,推测新型浮选药剂BK618与BK201用量不足,尤其是BK618用量。序号1与序号5矿石处理量基本相同,但原矿固定碳含量有所差异,分别为13.1%和11.8%,因此精粉产量存在明显差异,分别为72.1 t和64.4 t。这表明,随原矿石品位提高,尾矿固定碳含量也相应提高,浮选药剂BK618与BK201用量相同的条件下,品位较高的选矿回收率较低,此实验结果也从侧面证明新型浮选药剂BK618与BK201用量还需进一步提高。

表2-2 6批样原矿、精矿、尾矿品位趋势变化

序号	矿石处理量/t	原矿固定碳含量/%	BK618用量/kg	BK201用量/kg	精粉产量/t	成品固定碳含量/%	尾矿固定碳含量/%
1	605	13.1	324	72	72.1	93.5	2.96
2	620	12.9	324	72	72.1	93.1	3.06
3	625	13.2	324	72	74.2	93.3	3.11
4	592	11.8	324	72	63.7	93.1	2.77
5	604	11.8	324	72	64.4	92.9	2.88
6	610	12.3	324	72	67.7	93.0	2.97

接下来严格控制矿石处理量,在保持600 t的条件下,原矿固定碳含量尽量维持在12%左右,验证不同加药点的用量对结果的影响。在分级机溢流处,

BK618 用量按矿石每小时处理 50 t 计算,每小时分别加 15 kg、20 kg、25 kg、30 kg,其他加药条件与用量不变,精粉产量、成品固定碳含量、尾矿固定碳含量如表 2 - 3 所示。该厂采用传统煤油与 2#油时,成品固定碳含量为 95% 左右,尾矿固定碳含量低于 2%。分析本次调节分级机溢流处 BK618 用量实验结果,用量按矿石每小时处理 50 t 计算,当 BK618 用量提高到 25 kg/h 及 30 kg/h,且磨矿、排尾工艺、调节剂石灰用量等条件不变时,成品固定碳含量才达到 95% 以上,但尾矿固定碳含量超过 2%,说明还需进一步调整浮选药剂用量,提高选矿回收率。

表 2 - 3　分级机溢流处增加 BK618 用量现场生产指标数据

序号	用量按矿石每小时处理 50 t 计算,分级机溢流处 BK618 的用量/(kg·h^{-1})	精粉产量/t	成品固定碳含量/%	尾矿固定碳含量/%
1	15	60.2	93.2	2.7
2	20	60.1	94.5	2.7
3	25	60.3	95.2	2.8
4	30	60.2	95.3	2.8

尾矿固定碳含量较高,推测目标矿物捕收效果有待进一步提高,表 2 - 3 实验结果是在分级机溢流处增加 BK618 的用量,下一步将验证在几处精选加药点增加捕收剂用量,观察成品及尾矿固定碳含量变化。

实验条件如下:严格控制矿石处理量,在保持 600 t 的条件下,原矿固定碳含量尽量维持在 12% 左右。在分级机溢流处,BK618 用量按矿石每小时处理 50 t 计算,每小时加 20 kg 左右;在精选 2、精选 4、精选 6、精选 8 的 4 个加药点处增加 BK618 的用量,按矿石每小时处理 50 t 计算,各加药点每小时分别加 3.5 kg、4.0 kg、4.5 kg、5.0 kg 左右,其他加药条件与用量不变,精粉产量、成品固定碳含量、尾矿固定碳含量如表 2 - 4 所示。由实验结果看,当精选 2、精选 4、精选 6、精选 8 的 4 个加药点处的 BK618 用量增加至 4.5 kg/h 时,成品固定碳含量达到 95.3%,尾矿固定碳含量降至 2.1%,在此条件下按精粉产量计算,BK618 用量为 7.3 kg/t,对比在分级机溢流处增加的 BK618 用量,精粉产量和成品固定碳含量都有所提升,同时尾矿固定碳含量降低。当各加药点每小时加药量提高至 5.0 kg/h 时,成品固定碳含量从 95.3% 下降至 95.1%,说明部分杂质颗粒随气泡上升混入成品,导致固定碳含量略有下降,尾矿固定碳含量变化不明显。

表 2-4 4 个加药点增加 BK618 用量现场生产指标数据

序号	用量按矿石每小时处理量 50 t 计算,各加药点 BK618 用量/(kg·h⁻¹)	精粉产量/t	成品固定碳含量/%	尾矿固定碳含量/%
1	3.5	60.6	94.2	2.6
2	4.0	60.9	94.5	2.4
3	4.5	62.3	95.3	2.1
4	5.0	62.5	95.1	2.1

严格控制矿石处理量,在保持 600 t 的条件下,原矿固定碳含量尽量维持在 12% 左右。在分级机溢流处,BK618 用量按矿石每小时处理 50 t 计算,每小时加 20 kg 左右;在精选 2、精选 4、精选 6、精选 8 的 4 个加药点处,BK618 用量按矿石每小时处理 50 t 计算,各加药点每小时加 4.5 kg 左右,其他加药条件与用量不变,验证起泡剂用量对精粉产量、成品固定碳含量、尾矿固定碳含量的影响。在本工艺条件下,由于起泡剂用量多少可能对选矿回收率产生较大影响,因此,固定分级机溢流处 BK201 的用量按矿石每小时处理 50 t 计算,每小时加 3 kg 左右;扫选部分 BK201 的用量按矿石每小时处理 50 t 计算,每小时分别加 3.5 kg、4.0 kg、4.5 kg、5.0 kg,12 h 后结果如表 2-5 所示。当扫选部分 BK201 用量提高至 4.5 kg/h 时,成品固定碳含量为 95.2%,尾矿固定碳含量为 1.8%,此时新型浮选药剂与传统煤油、2#油工业化实验效果相当。当扫选部分 BK201 用量为 5.0 kg/h 时,成品固定碳含量有所下降,精粉产量提升。理论与实际结果一致,增加起泡剂用量时,杂质随气泡上升混入成品中,此时应该抑制用量或调整加入方式,用以提高成品固定碳含量。

表 2 - 5　扫选加药点增加 BK201 用量现场生产指标数据

序号	用量按矿石每小时处理 50 t 计算，扫选部分 BK201 用量/(kg·h⁻¹)	精粉产量/t	成品固定碳含量/%	尾矿固定碳含量/%
1	3.5	62.1	95.1	2.1
2	4.0	63.2	95.0	2.0
3	4.5	64.3	95.2	1.8
4	5.0	64.7	95.0	1.8

下一步验证在精选 1 处不同石灰用量对精粉产量、成品固定碳含量、尾矿固定碳含量的影响。具体实验如下：在给矿处，石灰用量按矿石每小时处理 50 t计算，每小时加 75 kg 左右；在分级机溢流处，BK618 用量按矿石每小时处理 50 t计算，每小时加 20 kg 左右，BK201 每小时加 3 kg 左右；在扫选部分，BK201 用量按矿石每小时处理 50 t 计算，每小时加 4.5 kg 左右；在精选 2、精选 4、精选 6、精选 8 的 4 个加药点，BK618 用量按矿石每小时处理 50 t 计算，每小时加 4.5 kg左右；在精选 1 处，石灰用量按矿石每小时处理 50 t 计算，每小时分别加入3.5 kg、4.0 kg、4.5 kg、5.0 kg，12 h 后结果如表 2 - 6 所示。从实验结果看，在精选 1 处添加抑制剂石灰，一定量下对尾矿固定碳含量没有明显影响，但对成品固定碳含量起着一定作用，当加入量为 4.5 kg/h 和 5.0 kg/h 时，成品固定碳含量达到 95.7%，说明在精选 1 处添加适量石灰可有效抑制杂质颗粒上浮。

表 2 - 6　在精选 1 处增加石灰用量现场生产指标数据

序号	用量按矿石每小时处理 50 t 计算，精选 1 处石灰用量/(kg·h⁻¹)	精粉产量/t	成品固定碳含量/%	尾矿固定碳含量/%
1	3.5	64.2	95.2	1.8
2	4.0	64.1	95.4	1.8
3	4.5	63.9	95.7	1.8
4	5.0	63.9	95.7	1.8

2.2.1.4　新型浮选药剂替代工艺与验证结果分析和讨论

新型浮选药剂晶质石墨选矿流程与加药工艺如图 2 - 6 所示，在企业磨矿等工艺不变的条件下,成品固定碳含量可达 95.7%,尾矿固定碳含量控制在 1.8%左右,回收率达到 85%。此工艺和采用煤油与 2#油现场生产指标相当。

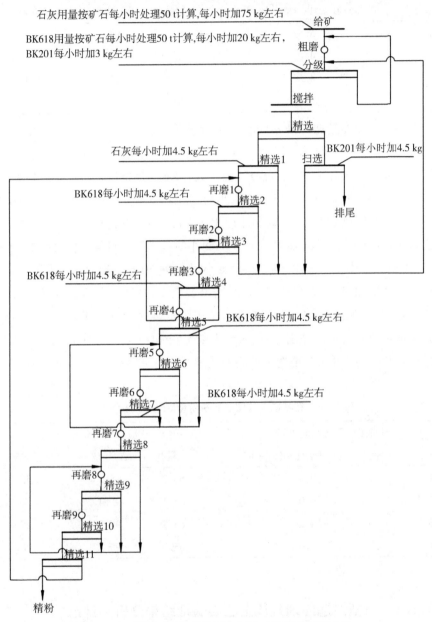

图 2-6　新型浮选药剂晶质石墨选矿流程与加药工艺

表 2 – 7 为各类可挥发性有机物排放检测结果,可见新型浮选药剂可有效降低浮选车间可挥发性有机物的无序排放。在此实验条件下,按成品石墨精粉来计算,每吨石墨精粉消耗 BK618 7.4 kg、BK201 1.4 kg,每吨石墨精粉浮选药剂成本约为 120 元,可对新型浮选药剂进行示范性推广。

表 2 – 7　各类可挥发性有机物排放检测结果

测试项目	测试点	实际检测浓度 /(mg·m^{-3})	国家标准 /(mg·m^{-3})
苯检测	浮选车间 1#	<0.6	6
	浮选车间 2#	<0.6	
甲苯检测	浮选车间 1#	<1.0	50
	浮选车间 2#	<1.0	
二甲苯检测	浮选车间 1#	<3.0	50
	浮选车间 2#	<3.0	
甲醇检测	浮选车间 1#巡	<1.3	25
	浮选车间 2#巡	<1.3	
非甲烷总烃 (以正己烷计) 检测	浮选车间 1#巡	1.5	100
	浮选车间 2#巡	1.4	

2.2.2　新型选矿过程高效解离工艺与验证

2.2.2.1　工艺方案设计

图 2 – 7 为 4 磨 5 选后石墨与杂质元素面扫描图,对比图 2 – 1,可以明显看出表面杂质有效减少,但图中圆圈内 Si、Al 等元素在对应点同等位置显现,另外,Ca、Fe、Mn 元素也有亮斑显示,同时可以观察到与石墨片层表面接触紧密。由于杂质不是单独个体,所以要进一步对其进行有效剥离,才能通过物理法选矿提高成品固定碳含量。在以 9 磨 11 选的工艺条件验证下,细鳞片石墨浮选后成品固定碳含量可以保持在 95% 左右,从节能及保护大鳞片角度出发,缩短

磨矿流程及高效分离矿物与杂质是发展的必然趋势,本节截取 2.2.1 小节中 4 磨 5 选后的精粉作为研究对象,验证其他方式对成品固定碳含量及鳞片破坏程度的影响。

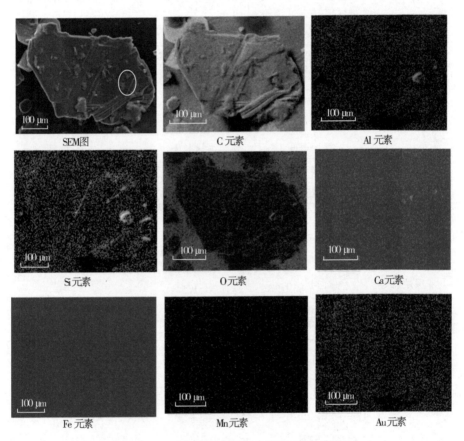

图 2-7　4 磨 5 选后石墨与杂质元素面扫描图

2.2.2.2　数据检测方法

对成品进行固定碳含量测定,验证矿物与杂质的分离效果;对尾矿进行固定碳含量测定,验证选矿回收率;采用筛分、粒度分析等方法测试鳞片的破坏程度。

2.2.2.3　超声波处理

以 4 磨 5 选后精粉固定碳含量为 83% 的石墨为原料,100 目筛上占比为 12%(9 磨 11 选后占比为 8.9%),捕收剂为 BK618,起泡剂为 BK215,调整剂与抑制剂为石灰。在超声频率为 20 Hz 的条件下,将浓度为 30 g/L 的矿浆分别超声处理 5 min、10 min、15 min、20 min、25 min、30 min。首先验证在不加起泡剂和抑制剂的条件下,不同超声处理时间对浮选的影响,如表 2-8 所示。随着超声处理时间增长,100 目筛上占比逐渐下降,处理至 30 min,筛上占比从 11.6% 降至 9.4%,而 9 磨 11 选后 100 目筛上占比为 8.9%,证明超声处理 30 min 后,鳞片破坏程度低于工厂实际生产的后 5 段磨矿。该浮选工艺成品固定碳含量逐步提升,成品产率逐步下降,尾矿固定碳含量总体出现下降趋势,最终降至 65.2%,尾矿的固定碳含量较高,但成品产率较低,说明随着超声处理时间增长,原料残留的起泡剂逐渐失效。

表 2-8　不同超声处理时间对浮选的影响

序号	超声处理时间/min	100 目筛上占比/%	成品固定碳含量/%	成品产率/%	尾矿固定碳含量/%
1	5	11.6	84.3	82	78.4
2	10	11.5	86.5	81	70.2
3	15	10.8	87.2	78	68.8
4	20	10.2	92.9	72	59.9
5	25	9.5	95.9	63	62.5
6	30	9.4	97.0	56	65.2

表 2-9 为超声 30 min 后,不同起泡剂 BK215 用量对成品固定碳含量、成品产率、尾矿固定碳含量的影响。随着 BK215 用量增加,100 目筛上占比有上升趋势。当 BK215 用量达到 6 kg/t 时,成品固定碳含量下降至 93.9%,成品产率为 87%,一方面说明随气泡上升而出现部分杂质,需要重新增添抑制剂;另一方面说明矿物与杂质的分离还需进一步提升。

表 2 - 9　不同起泡剂 BK215 用量对浮选的影响

序号	BK215 用量/ (kg·t⁻¹)	100 目筛上占比/%	成品固定碳 含量/%	成品产率/%	尾矿固定碳 含量/%
1	2	9.1	96.2	60	63.2
2	3	9.1	95.3	68	56.8
3	4	9.1	95.1	72	51.9
4	5	9.2	94.9	79	41.6
5	6	9.2	93.9	87	16.0

以表 2 - 9 序号 4 实验为基础,超声处理 30 min,捕收剂 BK618 用量按原料计算为 36 kg/t、起泡剂 BK215 用量按原料计算为 5 kg/t,不同石灰用量对浮选的影响如表 2 - 10 所示。实验结果表明,石灰的加入对成品固定碳含量影响较小,但成品产率得到提升。当石灰用量达到 1.5 kg/t 时,成品固定碳含量为95.4%,成品产率为 86%,尾矿固定碳含量降至 6.5%;当石灰用量进一步提升至 2.5 kg/t 时,成品固定碳含量降至 94.1%,而尾矿固定碳含量提升至 7.3%,说明石灰用量过多时,气泡夹杂着石灰颗粒上浮至成品中,同时矿物与杂质未能有效分离的颗粒在过多抑制剂的存在下沉底,从而引起尾矿固定碳含量上升。

表 2 - 10　不同石灰用量对浮选的影响

序号	石灰用量/ (kg·t⁻¹)	100 目筛上占比/%	成品固定碳 含量/%	成品产率/%	尾矿固定碳 含量/%
1	0.5	9.1	95.3	82	26.2
2	1.0	9.1	95.7	85	14.5
3	1.5	9.2	95.4	86	6.5
4	2.0	9.2	94.8	86	7.1
5	2.5	9.2	94.1	87	7.3

综上所述,超声处理可以替代 4 磨 5 选后精磨、精选工艺,可缩短晶质石墨选矿流程。分析实验结果,此工艺与传统多磨多选相比,优点是同资源地的矿石原料,100 目筛上占比有所提高,成品固定碳含量相当,流程较短,缺点是尾矿

固定碳含量较高,这也说明超声对目标矿物与杂质的分离还有进一步提高的可能,为本书下一步研究提供了新思路。

2.2.2.4 石墨与杂质的热处理及水淬

在二氧化硅的提纯过程中,通常采用高温煅烧及水淬法,可明显降低石英硬度,使之疏松易碎,利于后续的破碎与选矿。本节选取固定碳含量为 6.5% 的尾矿作为研究对象,其元素面扫描图如图 2 - 8 所示,主要杂质成分为 Si、Al、Ca 等,除尾矿中存留的石墨外,以导热性与散热性较差的长石、石英、钙铁矿物为主。本节实验设计思路为,利用石墨与杂质的导热性和散热性的差异,对此尾矿进行热处理,然后进行水淬,验证石墨与杂质的分离效果。

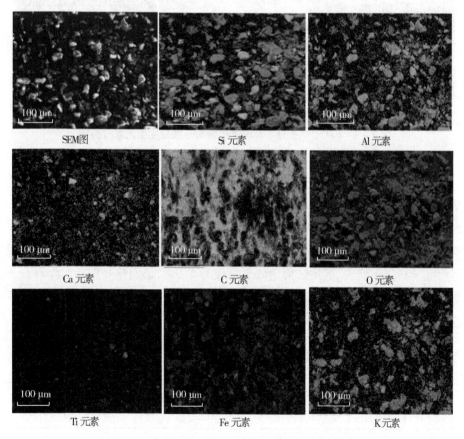

图 2 - 8 固定碳含量为 6.5% 的尾矿元素面扫描图

图 2 – 9 为固定碳含量为 6.5% 的尾矿在氮气气氛中 700 ℃热处理 1 h 水淬后表面形貌及主要元素分布图。对比图 2 – 8,颗粒发生明显的破碎与细化,推测利用浮选法可有效对尾矿中的石墨进行提取。

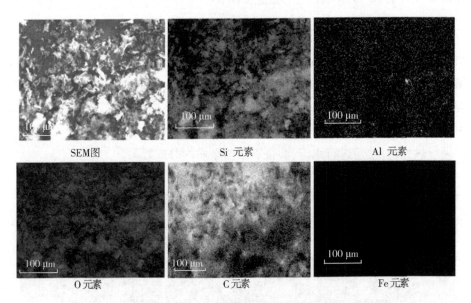

图 2 – 9 700 ℃热处理 1 h 水淬后表面形貌及主要元素分布图

捕收剂 BK618 用量按尾矿原料计算为 36 kg/t、起泡剂 BK215 用量按尾矿原料计算为 5 kg/t,石灰用量按尾矿原料计算为 1.5 kg/t,对 700 ℃热处理 1 h 水淬后的尾矿进行浮选试验,结果如表 2 – 11 所示。分析实验结果,成品固定碳含量仅为 62.5%,另外,浮选药剂的用量与 83% 的精粉再选用量一样,从经济角度分析得不偿失,但尾矿固定碳含量仅为 1.6%,证明热处理及水淬对石墨与杂质的分离存在明显效果,这对下一步的热处理 + 水淬 + 超声处理提供了思路。

表 2 – 11 700 ℃热处理 1 h 水淬后的尾矿结果

BK618 用量/ (kg·t⁻¹)	BK215 用量/ (kg·t⁻¹)	石灰用量/ (kg·t⁻¹)	100 目筛上 占比/%	成品固定碳 含量/%	成品 产率/%	尾矿固定碳 含量/%
36	5	1.5	8	62.5	8	1.6

2.2.2.5　热处理及水淬与超声联合处理

采用 4 磨 5 选后精粉固定碳含量为 83% 的石墨为原料,700 ℃ 热处理 1 h 后进行水淬,分别超声处理 5 min、10 min、15 min、20 min、25 min、30 min,捕收剂 BK618 用量按原料计算为 36 kg/t、起泡剂 BK215 用量按原料计算为 5 kg/t,石灰用量按原料计算为 1.5 kg/t,浮选结果如表 2 − 12 所示。随着超声处理时间增长,100 目筛上占比逐渐降低,成品固定碳含量先升高后降低。超声处理 20 min 时,成品固定碳含量达到 96.1%,成品产率为 85%,100 目筛上占比为 10.9%,提高了固定碳含量的同时降低了鳞片破坏程度;当超声处理达到 25 min 与 30 min 时,尽管成品产率提升至 90%,尾矿固定碳含量下降至 3% 以内,但成品固定碳含量均低于 95%,不适合目前市场的需求。

表 2 − 12　700 ℃ 热处理 1 h 水淬后不同超声处理时间对浮选的影响

序号	超声处理时间/min	100 目筛上占比/%	成品固定碳含量/%	成品产率/%	尾矿固定碳含量/%
1	5	11.9	86.5	82	67.3
2	10	11.9	92.5	81	42.5
3	15	11.8	95.7	84	28.8
4	20	10.9	96.1	85	8.7
5	25	9.6	91.8	90	1.6
6	30	9.2	91.9	90	2.6

图 2 − 10(a) 为超声处理 20 min 后石墨表面的 SEM 图,图 2 − 10(b) 为超声处理 30 min 后石墨表面的 SEM 图,可以明显看出超声处理 30 min 后细碎鳞片较多,这也验证了超声处理 30 min 后 100 目筛上占比下降至 9.2% 的实验结果,表明晶质石墨选矿过程超声处理时间不宜过长。对比单一的超声处理,热处理及水淬可有效降低目标矿物与杂质的分离难度,对鳞片的保护起到积极作用。

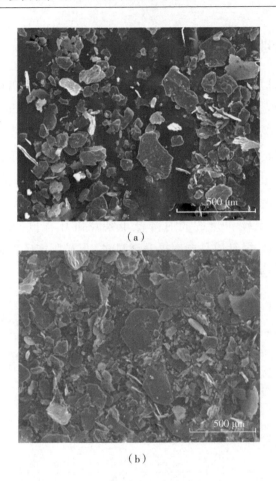

（a）

（b）

图 2 - 10　超声处理不同时间石墨表面的 SEM 图

（a）20 min；（b）30 min

2.2.2.6　晶质石墨选矿过程高效解离与鳞片保护结果分析和讨论

从低碳节能及产品市场考虑,将原料在 700 ℃ 热处理 1 h 后进行水淬,超声处理 20 min,经浮选分离,成品固定碳含量为 96% 左右可作为最终产品。固定碳含量为 8.7% 的尾矿需要像传统的石墨选矿工艺一样,重新进入磨、浮及排尾等工艺。另外,由本节实验可以明确得出固定碳含量较低的精粉经热处理及水淬处理,石墨表面包裹的杂质出现细化与碎化,石墨与杂质分离难度降低;晶质石墨在超声处理过程中,包裹在鳞片石墨表面的细小杂质分离效果较为明显,但超声处理时间过长时,鳞片石墨的片层将会发生剥离,而不是片层边缘卷曲,影响单片石墨的原本厚度。同质量下,超声处理后,石墨颗粒集合的数量会大量增长,即从大鳞片中剥离出无数超薄石墨微片,图 2 - 11 框内是石墨片层在超声处理 20 min 后的微张形貌。总之,本节实验为晶质石墨选矿过程中石墨与杂质的有效分离提供了一定的理论和实践基础,尤其是热处理及水淬实验及结果,希望能在新型晶质石墨选矿的工业生产中得到普及与应用。

图 2 - 11 石墨片层在超声处理 20 min 后的微张形貌

2.2.3 高碳晶质石墨成品鳞片保护与固定碳含量再提高工艺

2.2.3.1 工艺方案设计

本节设计了一种相对"温和"的分离工艺,包括石墨擦洗与反浮选工艺、磁选工艺,验证在最低程度上破坏鳞片的情况下,进一步采用物理法提高固定碳含量。

2.2.3.2 数据检测方法

对成品进行固定碳含量的测定,验证矿物与杂质的分离效果;采用筛分、粒度分析等方法测试鳞片破坏程度。

2.2.3.3 石墨擦洗与反浮选

将反浮选矿浆浓度调节为 30 g/L,抑制剂采用聚亚甲基萘二磺酸钠,用量按固定碳含量为 95% 的高碳石墨计算为 10 kg/t,捕收剂十二胺用量按固定碳含量为 95% 的高碳石墨计算为 30 kg/t,起泡剂 BK215 用量按固定碳含量为 95% 的高碳石墨计算为 5 kg/t,对未进行擦洗的高碳石墨进行反浮选,实验结果如表 2 - 13 所示。实验结果表明,上浮物产率为 6.3%,上浮物固定碳含量为 81.2%,而目标矿物石墨沉在底层,产率为 93.7%,底层物固定碳含量提升至 95.9%,说明上浮物中石墨与杂质未能有效分离,鳞片石墨随杂质气泡上升至顶层,另外,底层的目标矿物的固定碳含量提升有限,也证明在未进一步对石墨与杂质分离的情况下,不可能单单通过浮选提高成品固定碳含量。

表 2 - 13　固定碳含量为 95% 的高碳石墨反浮选实验结果

上浮物固定碳含量/%	上浮物产率/%	底层物固定碳含量/%	产率/%	底层物 100 目筛上占比/%
81.2	6.3	95.9	93.7	9.3

鉴于上述实验结果,本书设计一种设备,即半干法石墨擦洗机以分离石墨与杂质,自制设备结构如图 2 - 12 所示。电机设置在擦洗机壳体一端的外侧,擦洗机壳体一端外壁上固接电机支架,电机安装在电机支架上,且电机的动力输出轴朝向擦洗机壳体。主轴支撑套设置在擦洗机壳体另一端的外侧,擦洗机壳体另一端外壁上设有连接块,连接块与擦洗机壳体一体成型设置。主轴支撑套固接在连接块上,且轴线与电机中动力输出轴的轴线共线设置。双向搅拌组件设置在擦洗机壳体中,且双向搅拌组件的一端延伸至擦洗机壳体的外部并通过联轴器与电机中的动力输出轴相连,双向搅拌组件的另一端延伸至擦洗机壳

体的外部并插设在主轴支撑套中。双向搅拌组件通过转动轴承与主轴支撑套转动连接,擦洗机壳体的内部铺满 1000 目砂纸,顶部插设进料管和进水管,进料管和进水管的底端与擦洗机壳体的顶部连通。擦洗机壳体的底部设有出料管,出料管的顶端与搅拌机壳体的底部连通,星形给料机设置在出料管的底端,且星形给料机的顶端与出料管的底端连通。

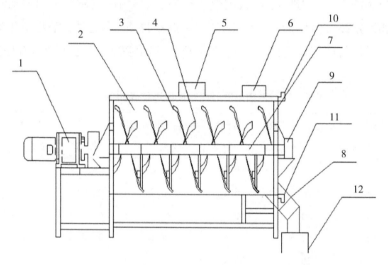

1—电机;2—擦洗机壳体;3、4—双向搅拌组件;5—进料管;6—进水管;

7—主轴;8—出料管;9—主轴支撑套;10—搅拌机壳体中间冷却水出水管;

11—搅拌机壳体中间冷却水进水管;12—星形给料机。

图 2 – 12　自制半干法石墨擦洗机

确定半干法石墨擦洗机主轴转速为 200 r/min,入料为固定碳含量为 95% 的成品干粉,验证不同擦洗时间对反浮选结果的影响,结果如表 2 – 14 所示。对比无擦洗处理的反浮选实验结果,当擦洗时间为 30 ~ 60 min 时,上浮物固定碳含量逐渐降低,说明擦洗对石墨与杂质的分离起到了一定的作用。由序号 1 ~ 4 的实验结果可以看出,底层物固定碳含量上升,底层物的 100 目筛上占比不变,说明此擦洗条件下,石墨与杂质的确得到一定分离,并且对石墨鳞片破坏较小。当擦洗时间为 120 min 时,94.4% 的底层物以石墨为主,固定碳含量为 97.1%,可以假想为每一片石墨表面按质量比覆盖 2.9% 的杂质,而占比 5.6%

的上浮物中,可以假想为每一片石墨表面按质量比覆盖40.4%的杂质;当擦洗时间为150～180 min时,可以假想为每一片石墨表面按质量比覆盖2.9%的杂质的进一步分离效果有限,而仅作用于每一片石墨表面按质量比覆盖40.4%的杂质的矿物表面,当这部分的石墨表面杂质按质量比分离接近2.9%左右,同样表现出擦洗效果不明显,在反浮选过程中沉于底层,这就很好地解释了擦洗150 min与120 min相比,在底层物固定碳含量不变的情况下,底层物产率提高的原因;当擦洗时间为180 min时,上浮物产率、上浮物固定碳含量与底层物产率、底层物固定碳含量均未发生变化,证明在此条件下,擦洗对石墨与杂质的分离效果达到极限,即使延长擦洗时间,目标精粉的固定碳含量也不会再有提高。

表2-14 不同擦洗时间对反浮选结果的影响

序号	擦洗时间/min	上浮物固定碳含量/%	上浮物产率/%	底层物固定碳含量/%	底层物产率/%	底层物100目筛上占比/%
1	30	81.1	6.3	96.0	93.7	9.3
2	60	76.5	6.1	96.2	93.9	9.3
3	90	64.3	5.8	96.9	94.2	9.3
4	120	59.6	5.6	97.1	94.4	9.3
5	150	29.3	3.1	97.1	96.9	9.2
6	180	29.3	3.1	97.1	96.9	9.2

上述擦洗是在未加水的条件下干法擦洗,下一步将验证此自制设备在不同固液比条件下的擦洗效果。设置主轴转速为200 r/min,擦洗时间为120 min,反浮选的药剂用量和实验条件与之前相同,具体结果如表2-15所示。当固液比小于10∶2时,与干法的反浮选效果相同,当固液比为10∶3时,底层物固定碳含量提高至97.5%,当固液比为10∶5时,底层物固定碳含量提高至98.3%,上浮物产率仅为3.5%,上浮物固定碳含量下降至4.0%,达到最佳效果,此条件下擦洗后的元素面扫描图如图2-13所示,可见石墨与杂质有较好的分离。而固液为10∶6时,与10∶5相比,反浮选效果未能反映出明显差距,而且此时在擦洗时出现矿浆喷溅等不利现象。

表 2 - 15　不同固液比条件下擦洗对反浮选结果的影响

序号	石墨成品 质量:水质量	上浮物固定碳 含量/%	上浮物 产率/%	底层物固定碳 含量/%	底层物 产率/%	底层物 100 目 筛上占比/%
1	10:1	59.5	5.5	97.1	94.5	9.3
2	10:2	59.5	5.5	97.1	94.5	9.3
3	10:3	64.3	5.8	97.5	94.5	9.3
4	10:4	30.9	4.9	98.3	95.1	9.2
5	10:5	4.0	3.5	98.3	96.5	9.2
6	10:6	4.0	3.5	98.3	96.5	9.2

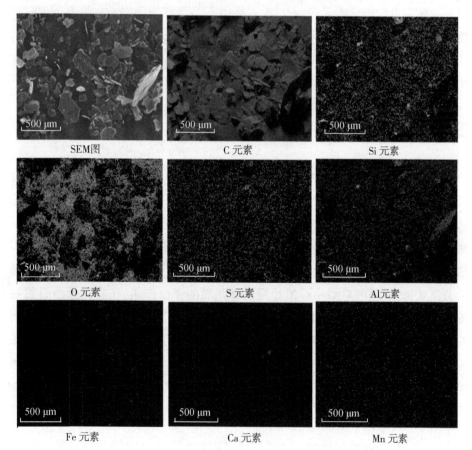

图 2 - 13　擦洗后石墨与杂质分离的元素面扫描图

在一定的固液比下,通过双向搅拌组件的搅拌,石墨形成球形矿团,球形矿团不断与擦洗机内壁及双向搅拌组件接触碰撞,石墨片层的杂质在摩擦力作用下逐渐与石墨分离。在反复的运动下,半湿的球形矿团不断打散与重新团聚,与干法相比,球形矿团的质量远高于单个石墨颗粒,与砂纸接触力及作用力较强,所以石墨与杂质分离效果明显。

2.2.3.4　石墨擦洗与反浮选结果分析和讨论

在自制擦洗机验证下,半湿法擦洗效果优于干法擦洗效果,最佳的固液比为 10∶5,最佳的擦洗时间为 120 min,设置反浮选矿浆浓度为 30 g/L,抑制剂聚亚甲基萘二磺酸钠用量按固定碳含量为 95% 的高碳石墨计算为 10 kg/t,捕收剂十二胺用量按固定碳含量为 95% 的高碳石墨计算为 30 kg/t,起泡剂 BK215 用量按固定碳含量为 95% 的高碳石墨计算为 5 kg/t,可得到固定碳含量为 98.3% 的石墨精粉,产率为 96.5%。此固定碳含量较高的石墨可直接生产低灰的高品质可膨胀石墨,因此本研究具有较高的实践价值。

2.3　结论与展望

晶质石墨疏水性较强,易于选矿,以闪点较高的浮选药剂替代煤油和 2# 油成为必然趋势。本章在实际生产验证中,通过对加药工艺的控制,环保型浮选药剂取得较好的实验结果,成本与传统浮选药剂相当,有较好的示范作用。石墨经热处理及水淬,导热性较差的杂质出现碎化与细化,对磨矿起着一定的积极作用,有利于浮选。在一定时间内超声处理石墨,可以有效提高杂质与石墨的分离效果,但超声对鳞片石墨片层具有强烈的撕扯作用,在采用天然石墨制备纯度较高的石墨烯工艺中,此种选矿方式具有独特的优势。对浮选后的高碳石墨进行固定碳含量再提高工艺,半湿法擦洗效果明显,协同反浮选工艺,产品固定碳含量可达98%以上。浮选等物理法对石墨固定碳含量提高存在极限,在需要固定碳含量达到99.9%以上的应用场景时,还需要附加化学浸出或高温杂质蒸发等工艺。

2.4　本章参考文献

[1] 吴尧, 邓朝安, 常亮亮. 石墨矿选矿技术特点及应用[J]. 有色设备, 2022, 36(3): 51-54, 65.

[2] 刘淑贤, 徐平安, 苏严, 等. 河北某地细粒石墨矿工艺矿物学及选矿工艺研究[J]. 矿产综合利用, 2021(1): 157-165.

[3] 高野, 周南, 程亮, 等. 黑龙江鸡西平安石墨选矿试验研究[J]. 中国非金属矿工业导刊, 2020(4): 21-23, 30.

[4] 李亚, 王英凯, 张旭, 等. 某大理岩型石墨矿选矿工艺研究[J]. 有色金属(选矿部分), 2021(3): 104-109.

[5] 刘之能, 申士富, 刘海营, 等. 我国石墨选矿技术及装备进展[J]. 现代矿业, 2020, 36(8): 143-146, 162.

[6] 汪灵. 战略性非金属矿产的思考[J]. 矿产保护与利用, 2019, 39(6): 1-7.

[7] 杜轶伦, 张福良. 我国石墨资源开发利用现状及供需分析[J]. 矿产保护与利用, 2017(6): 109-116.

[8] 岳成林. 提高鳞片石墨大片产率的浮选试验研究[J]. 中国矿业, 2015, 24(3): 128-130.

[9] 张韬, 程飞飞, 于阳辉, 等. 内蒙古某低品位大鳞片石墨矿选矿试验研究[J]. 矿产综合利用, 2019(1): 57-60, 56.

[10] 龙渊, 张国旺, 肖骁, 等. 立式搅拌磨机对鳞片石墨的磨矿研究[J]. 矿冶工程, 2014, 34(6): 41-44.

[11] 牛敏, 郭珍旭, 刘磊. 鳞片石墨选矿工艺进展[J]. 矿产保护与利用, 2018(5): 32-39.

[12] 杜友花. 黑龙江某细粒级晶质石墨选矿试验研究[J]. 有色金属(选矿部分), 2020(3): 80-84, 94.

[13] 邱杨率, 袁韵茹, 张凌燕, 等. 澳大利亚某地细鳞片石墨选矿试验研究[J]. 中国非金属矿工业导刊, 2019(2): 25-29.

[14] 李健, 黄鹏, 白丁, 等. 湖北某低品位细鳞片石墨选矿试验[J]. 金属矿山, 2016(11): 89-93.

[15]康文泽,李会建,张启梁,等. 萝北鳞片石墨选矿工艺流程试验研究[J]. 选煤技术,2015(5):11-15,20.

[16]刘海营,劳德平,李崇德,等. 黑龙江萝北鳞片石墨浮选新工艺研究[J]. 中国矿业,2015,24(52):182-185.

[17]劳德平,申士富,李崇德,等. 鳞片石墨矿阶段磨浮——预先分目工艺流程研究[J]. 中国非金属矿工业导刊,2014(6):32-35,47.

[18]杨香凤. 石墨选矿及晶体保护试验研究[D]. 武汉:武汉理工大学,2010.

[19]吴柏君,张国范,欧乐明,等. 隐晶质石墨浮选的试验研究[J]. 非金属矿,2015,38(1):63-65.

[20]刘之能. 典型石墨再磨设备的应用进展[J]. 现代矿业,2015,31(6):173-175.

第3章　高纯天然晶质石墨产品与新型化学提纯技术

目前采用物理浮选工艺制备的天然晶质石墨的固定碳含量通常为95%左右,而新能源、新材料、高功率精密设备所需石墨原料纯度通常要求更高,如锂离子电池用石墨固定碳含量需要达到99.95%以上。所以石墨经过多磨多选,还要再进行提纯处理从而满足高端需求。

3.1　天然晶质石墨提纯技术现状与问题分析

目前我国天然石墨提纯工艺主要分为高温物理法和化学法,其中高温物理法受设备投资高、产率低等因素影响,推广率和普及率较低,因此大多数中小企业采用化学法。化学法分为氢氟酸法和碱酸法两种工艺,其中,氢氟酸法工艺与设备都较为成熟,但氢氟酸法酸用量大、排放高,废水中含大量氟离子、氯离子,大多数企业受废水处理设备费用高的因素限制而处于停产状态;碱酸法采用熔融苛性碱去除硅杂质,采用稀盐酸或稀硫酸去除金属氧化物,与氢氟酸法相比,对环境影响较为温和,但其配套设备与工艺都有待进一步提高,目前产品固定碳含量最高仅为99.8%左右,不能满足天然石墨制备锂离子电池负极材料等的需求。

本章将在传统碱酸法理论基础上,开发新型苛性碱熔融除硅设备及相关配套工艺,可规模化、低成本生产固定碳含量为99.95%以上的高纯石墨产品,并列举系列废水综合利用及处置方案。

3.2　新型碱酸法 3N 级石墨提纯工艺

原料采用某矿区晶质石墨,浮选后固定碳含量为 95.1% ,其 XRD 谱图如图 3-1 所示,可见浮选后高碳石墨杂质以硅基、铝基及金属基等为主。

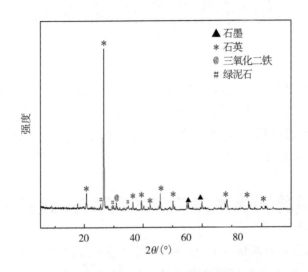

图 3-1　固定碳含量为 95.1% 的晶质石墨的 XRD 谱图

熔融苛性碱可有效去除硅基杂质,在此理论基础上,将含一定量杂质的石墨与苛性碱进行热处理,硅基杂质变成可溶性物质,经清洗完成除硅;针对金属基杂质可采用酸浸方式去除,以此方法制备 3N 级或 4N 级石墨高纯产品,在理论上具有较高的可行性。

针对新型碱酸法石墨提纯技术,设计制造配套石墨提纯设备。设计制造卧式碱熔炉,改善碱熔反应的熔融状态;设计制造密封酸浸釜,提高酸浸反应速率。石墨提纯成套关键设备由卧式碱熔炉和密封酸浸釜组成,可以实现晶质石墨中杂质元素的低能耗高效脱除,获得高纯石墨产品,实现环境"温和"并连续化生产,具体工艺路线如图 3-2 所示。

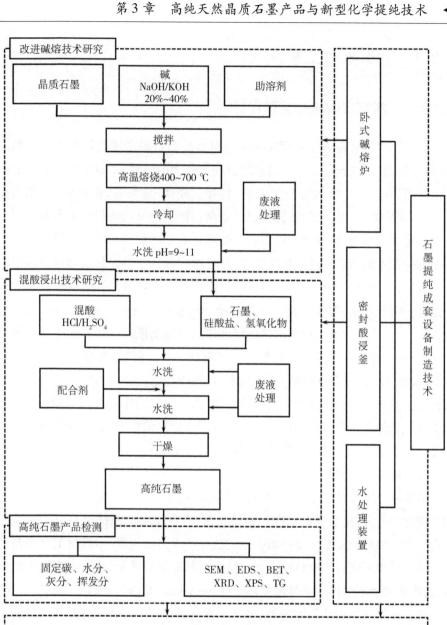

图 3-2　新型碱酸法提纯工艺路线图

3.2.1 碱熔除硅工艺

3.2.1.1 新型碱熔除硅装置设计

为了解决现有碱熔设备存在的熔融苛性碱与石墨杂质接触不充分导致除硅效果差并且不能连续化生产造成能量损耗较大的问题,本章采用自制双加热高效碱熔除硅装置,该装置包括电机、搅拌机壳体、进料管、出料管、主轴支撑套、感应加热组件、保温箱、运输轨道和双向搅拌组件等,如图 3-3 所示。搅拌机壳体包括内胆和外罩两部分,内胆和外罩之间形成加热油循环通道。双向搅拌组件包括主轴和多个双向搅拌螺旋带组,螺旋带沿主轴的长度延伸方向依次等距设置,双向搅拌螺旋带组包括反向螺旋带和正向螺旋带。电机设置在搅拌机壳体一端的外侧,搅拌机壳体一端外壁上固接电机支架,电机安装在电机支架上,且电机的动力输出轴朝向搅拌机壳体。主轴支撑套设置在搅拌机壳体另一端的外侧,搅拌机壳体另一端外壁上设有连接块,连接块与搅拌机壳体一体成型设置。主轴支撑套固接在连接块上,且轴线与电机中动力输出轴的轴线共线设置。双向搅拌组件设置在搅拌机壳体中,且双向搅拌组件的一端延伸至搅拌机壳体的外部并通过联轴器与电机中的动力输出轴相连,双向搅拌组件的另一端延伸至搅拌机壳体的外部并插设在主轴支撑套中。

搅拌机壳体的顶部设有进料管,搅拌机壳体的底部设有出料管。感应加热组件设置在出料管的底端,且顶端与出料管的底端连通。运输轨道设置在感应加热组件的下方,保温箱设置在运输轨道上,且保温箱的顶部进料端与感应加热组件的底端对应设置。搅拌机壳体的顶部还设有出气管,出气管的底端与搅拌机壳体的顶部连通。搅拌机壳体包括内胆和外罩两部分,外罩套装在内胆外部,且内胆和外罩之间预留导油循环间隙,外罩的顶部插装导热油进油管,且导热油进油管与导油循环间隙连通,外罩的底部插装导热油出油管,且导热油出油管与导油循环间隙连通。进料管的底端穿过外罩与内胆连通,出气管的底端穿过外罩与内胆连通,出料管的顶端穿过外罩与内胆连通。双向搅拌螺旋带组包括反向螺旋带和正向螺旋带,反向螺旋带和正向螺旋带相对错位设置。感应加热组件包括内管、外管和螺旋加热电阻丝,内管的顶端与出料管的底端连通,外管套装在内管的外圆面上,且内管与外管之间设有加热间隙,螺旋加热电阻丝设置在加热间隙中,且螺旋加热电阻丝缠绕在内管的外圆壁上,其一端延伸出外管与外部电源的正极相连,另一端延伸出外管与外部电源的负极相连,外部电源上设有开关。保温箱的顶部进料端与内管的底端对应设置,其内侧贴附耐高温陶瓷内衬,外侧包裹保温层。

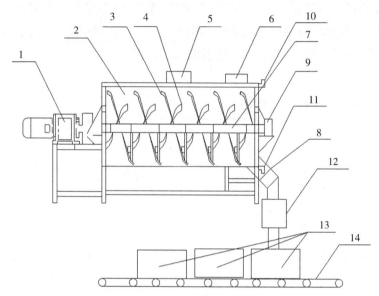

1—电机;2—搅拌机壳体;3—反向螺旋带;4—正向螺旋带;
5—进料管;6—出气管;7—主轴;8—出料管;9—主轴支撑套;10—导热油进油管;
11—导热油出油管;12—感应加热组件;13—保温箱;14—运输轨道。

图 3 - 3　自制双加热高效碱熔除硅装置

3.2.1.2　数据检测方法

对不同苛性碱用量、水添加量等条件下除硅后的产品进行固定碳含量测定,验证除硅效果;采用同等容积与功率的旋转炉与自制设备检验能量消耗。

3.2.1.3　碱熔除硅工艺设计与实验结果

将 200 kg 浮选后固定碳含量为 95% 左右的天然石墨与 100 kg 浓度为 50%

的氢氧化钠溶液混合,进入热油循环第一段加热搅拌部分,热油循环温度为
250 ℃左右。在反向螺旋带和正向螺旋带的充分搅拌下,水分快速蒸发,在波浪
式搅拌混料下,氢氧化钠与石墨所含杂质充分接触并逐渐结晶,约 1 h 后,物料
温度达到 200 ℃左右,打开搅拌机壳体出料管,设置出料速度为 4 kg/min,同时
打开进料管,石墨与氢氧化钠混合溶液以 5 kg/min 缓慢进料,实现连续化生产。
出料管排出的物料靠重力经过感应加热组件,图 3 - 4 为晶质石墨的热重曲线,
可以看出,石墨原料在温度超过 650 ℃时发生了失重,主要是天然石墨高温氧
化特性所引起的,感应加热组件设置温度为 550 ℃。

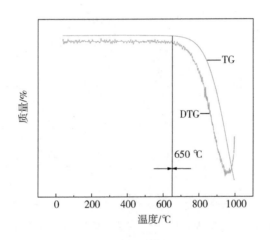

图 3 - 4　晶质石墨的热重曲线

在物料通过感应加热部分后,确保物料温度达到 550 ℃左右,将物料排出
至感应加热组件外部,利用保温箱收集感应加热后的物料,并保温 1 ~ 2 h。待
物料温度低于 300 ℃后进行清洗并烘干,完成除硅过程,对总质量为 500 kg 的
样品进行固定碳含量测定,结果如表 3 - 1 所示。

表 3 - 1　自制碱熔除硅装置除硅效果

处理量/kg	处理时间/min	原料固定碳含量/%	除硅后固定碳含量/%
500	160	95.1	97.9

图 3 – 5 为碱熔除硅后样品的 XRD 谱图,图中未显示出明显的石英、长石等,仅显示出三氧化二铁与四氧化三铁,可能是其他杂质元素含量较低的原因,未能体现出其他杂质峰。结合表 3 – 1 的实验结果,初步说明碱熔除硅具有一定效果,同时也证明熔融的氢氧化钠对金属基杂质去除率较低,这也符合金属耐碱腐蚀的常理。

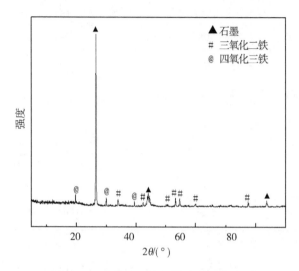

图 3 – 5　碱熔除硅后样品的 XRD 谱图

接下来对碱熔除硅后的样品进行元素分析,表 3 – 2 是碱熔处理前后杂质元素含量对比,可见硅、铝、钙、硫等元素含量降低明显。硅基和铝基杂质与熔融苛性碱反应生成可溶的硅酸钠或硅铝酸钠,而钙基杂质与熔融苛性碱反应主要生成微溶的氢氧化钙,通过碱熔处理并多次清洗,理论上氢氧化钙会溶解掉一个数量级,从 4359 μg/g 下降至 918 μg/g。杂质硫通常以金属硫化物存在,其中硫化铁与氢氧化钠反应生成硫氢化钠与氢氧化铁胶体,而其他金属,如硫铁铜与氢氧化钠较难反应,所以硫元素从最初的 5182 μg/g 下降至 1190 μg/g。而镍、铬元素含量提高,自制的碱熔除硅装置中,第一段加热部分采用耐高温高分子涂层进行防护,推测是在第二段加热过程中,不锈钢材料与熔融苛性碱接触导致,熔融的氢氧化钠对纯铁材料腐蚀较慢,反而对合金材料腐蚀较快。以上结果表明,在实际生产过程中,与石墨、熔融苛性碱接触部分应尽量使用防护涂层或纯铁材料,杜绝使用不锈钢材料,防止镍、铬等元素混入石墨。

表3-2　固定碳含量为95%的石墨碱熔处理前后的杂质元素含量

杂质元素	石墨原料/$(\mu g \cdot g^{-1})$	碱熔后石墨样品/$(\mu g \cdot g^{-1})$
Si	5175	478
Fe	13685	11246
Ca	4359	918
Al	706	378
Ni	0	453
Cu	60	51
Co	130	119
Cr	74	134
Ti	252	246
S	5182	1190

为了验证上述自制装置的除硅效果,笔者课题组自制了纯铁的传统旋转炉,旋转炉有效容积为200 L,最高设置温度为550 ℃,具体结构如图3-6所示。向传统旋转炉中加入200 kg固定碳含量为95%的石墨原料,同时加入100 kg浓度为50%的氢氧化钠溶液,200 kg原料除硅结束需要64 min,固定碳含量的测定结果如表3-3所示。

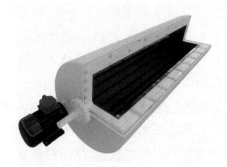

图3-6　自制传统旋转炉结构图

表 3 - 3　自制传统旋转炉的除硅效果

处理量/kg	处理时间/min	内壁显示温度/℃	原料固定碳含量/%	除硅后固定碳含量/%
200	64	380	95.1	96.1

同样的时间与功率下,自制传统旋转炉除硅后固定碳含量为 96.1% ,低于图 3 - 3 设备碱熔除硅后固定碳含量(97.9%)。内壁显示温度为 380 ℃ ,在 64 min 内,水分蒸发时间较长,当水分蒸发后,石墨与熔融苛性碱的温度才进一步提升。由于自制传统旋转炉设置温度为 550 ℃ ,此条件下,64 min 后温度才升至 380 ℃ ,除硅效果较差的原因可能是旋转对水分蒸发的效果远不如双螺旋搅拌,温度上升较慢导致熔硅速度减慢。为了验证上述猜想,对自制传统旋转炉内物料继续进行加热处理,每 5 min 观察温度并采样测定固定碳含量,结果如表 3 - 4 所示。当自制传统旋转炉热处理时间达到 84 min 时,固定碳含量才达到 97.9% ,自制传统旋转炉热处理时间比自制传统碱熔装置长 20 min ,按此计算,碱熔装置比自制传统旋转炉节能 20% 左右。另外,自制传统旋转炉热处理 79 min 时温度达到设置温度 550 ℃ ,固定碳含量为 97.3% ,而热处理 84 min 与 89 min 固定碳含量相同(97.9%),这也从侧面证明碱熔装置的合理性,即在第一段加热搅拌机下附加第二段感应加热装置,当物料达到 550 ℃ 时进行保温,能使物料在 320 ℃ 以上保持 1 h 左右。如果苛性碱为氢氧化钠,那么此温度下,氢氧化钠保持熔融状态,在一定保温时间内,熔融氢氧化钠与含硅铝杂质处于有效反应阶段,达到最佳除硅效果。

表 3 - 4　自制传统旋转炉不同加热时间对碱熔除硅效果的影响

处理时间/min	内壁显示温度/℃	原料固定碳含量/%	除硅后固定碳含量/%
64	380	95.1	96.1
69	420	95.1	96.6
74	490	95.1	97.1
79	550	95.1	97.3
84	550	95.1	97.9
89	550	95.1	97.9

表 3 - 5 为纯铁质旋转炉碱熔处理 84 min 前后石墨杂质元素含量,与表 3 - 2 相比,处理后硅、铝、钙、硫等元素含量相差无几,而钴、铬、钛等元素含量明显降低,这也说明在碱熔除硅装置中,纯铁材质优于不锈钢材质。

表 3 - 5   纯铁质旋转炉碱熔除硅前后石墨杂质元素含量

杂质元素	石墨原料 杂质元素含量/$(\mu g \cdot g^{-1})$	碱熔处理后 杂质元素含量/$(\mu g \cdot g^{-1})$
Si	5179	482
Fe	13715	11132
Ca	4353	917
Al	699	375
Ni	0	0
Cu	60	51
Co	130	43
Cr	74	40
Ti	252	146
S	5182	1210

3.2.1.4   碱熔除硅助剂的选择与应用

上述研究表明,熔融氢氧化钠对硅基、铝基杂质的去除率较高,对金属基杂质的去除率较低。众所周知,晶质石墨杂质常常是各种矿物伴生存在的,尽管在多磨多选过程中对杂质进行了碎化、细化破坏,但各种杂质矿物还是混在一起,当金属基杂质对硅基、铝基杂质进行包裹时,就像充当了杂质防护层,熔融的氢氧化钠不能与硅、铝杂质进一步有效反应生成可溶性物质。根据上述观点,在碱熔除硅过程中加入适当助剂,可以对金属基杂质起到腐蚀与破坏作用,促进熔融氢氧化钠与硅、铝杂质接触而进一步反应,是突破传统碱酸法提纯的关键技术之一。江宗斌等人的研究表明,氯化钠对板岩等存在蠕变与腐蚀;彭富福等人研究表明,腐蚀速率随温度上升而加快,因而推测在碱熔除硅过程中加入一定量的氯化钠也许能提高其固定碳含量,进一步降低硅、铝、铁、铬等杂质元素含量。采用碱熔除硅装置与工艺,在其基础上加入氯化钠,研究不同氯化钠加入量对固定碳含量的影响,结果如表 3-6 所示。随着氯化钠的加入量逐渐增加,除硅后固定碳含量逐渐上升,当上升至 10:5:0.5 时,固定碳含量达到 98.5%,当增至 10:5:0.9 与 10:5:1.0 时,固定碳含量有所下降,但总体高于未加氯化钠时,由此证明适当添加氯化钠可提高除硅效果。

表 3-6　不同氯化钠加入量对除硅效果的影响

处理量/kg	处理时间/min	原料固定碳含量/%	石墨:氢氧化钠溶液(50%):氯化钠(质量比)	除硅后固定碳含量/%
500	160	95.1	10:5:0	97.9
500	160	95.1	10:5:0.1	98.1
500	160	95.1	10:5:0.2	98.2
500	160	95.1	10:5:0.3	98.2
500	160	95.1	10:5:0.4	98.4
500	160	95.1	10:5:0.5	98.5
500	160	95.1	10:5:0.6	98.5
500	160	95.1	10:5:0.7	98.5
500	160	95.1	10:5:0.8	98.5
500	160	95.1	10:5:0.9	98.4
500	160	95.1	10:5:1.0	98.3

表 3-7 为石墨原料、未加助剂碱熔后样品以及添加一定量氯化钠即石墨:氢氧化钠溶液(50%):氯化钠 = 10:5:0.5 时杂质元素含量结果对比。加入氯化钠后可能发生如下两阶段的反应:第一阶段,最初加热过程中,水分尚未蒸干,针对活性较高的硅基、铝基杂质,氢氧化钠溶液与之反应生成可溶性物质,同时氯化钠溶液中的氯离子对金属基杂质进行腐蚀,以孔蚀为主,溶液中产生大量氧气,氧化磨矿过程脱落的铁在氯离子与氢氧根的共存下,变成金属氧化

物或氯化物,新生成的金属氧化物易与氢氧化钠溶液反应,并生成可溶于浓热碱液的氢氧化物,在氯离子与氢氧根的双重作用下,慢慢对金属基包裹的杂质进行腐蚀,待氢氧根与硅基、铝基杂质接触时,氢氧根又发挥主要溶解作用;第二阶段,当水分蒸发后,物料开始升温,当温度超过 320 ℃ 时,氢氧化钠开始慢慢熔化,此时氯化钠相当于溶解在熔融的氢氧化钠中,在较高的温度中,氯离子腐蚀金属基杂质的速率上升,高温点蚀反应生成的金属氯化物与熔融碱生成氢氧化物,同时熔融氢氧化钠对活性较差的石英、长石、云母等进行阳离子置换或溶解反应,最终,氢氧化钠变为碳酸氢钠,在 550 ℃ 反应失效而结束。总之,氯化钠在碱熔除硅过程中起助剂作用,其对金属基杂质腐蚀速率远远低于熔融氢氧化钠对硅基、铝基杂质的腐蚀速率。当石墨∶氢氧化钠溶液(50%)∶氯化钠为10∶5∶0.9 或氯化钠占比更高时,除硅后固定碳含量反而低于石墨∶氢氧化钠溶液(50%)∶氯化钠为 10∶5∶0.5 时,这可能是固定的熔融氢氧化钠对氯化钠的溶解存在极限,当氯化钠过高时,尽管参与金属基杂质反应的数量增多,但同时也阻碍了熔融氢氧化钠与硅基、铝基杂质的有效接触,因此在使用氯化钠作为助剂时,应该有适宜的配比。在本书中,最佳配比为石墨∶氢氧化钠溶液(50%)∶氯化钠 = 10∶5∶0.5。

表 3-7　不同样品的杂质元素含量

杂质元素	石墨原料/($\mu g \cdot g^{-1}$)	未加助剂/($\mu g \cdot g^{-1}$)	氯化钠/($\mu g \cdot g^{-1}$)
Si	5175	478	378
Fe	13685	11246	7002
Ca	4359	918	789
Al	706	378	302
Ni	0	0	0
Cu	60	51	49
Co	130	119	110
Cr	74	134	120
Ti	252	246	210
S	5182	1190	1180

3.2.1.5　新型碱熔除硅装置除硅结果分析与讨论

自制碱熔除硅装置优点在于采用双加热模式,在第一段导热油加热过程中,采用双螺旋带进行充分搅拌,相比于传统旋转炉更利于水分挥发以及苛性碱与杂质充分接触,从而能耗降低 10% 左右,苛性碱用量减少 50%。助剂氯化钠的加入有利于熔融氢氧化钠高效除硅,同时对金属基杂质起到腐蚀作用,提高产品的固定碳含量。在第二段加热过程中,石墨与苛性碱迅速达到反应温度后,进入保温箱里持续反应,不但实现了连续生产而且易于控制,保持了产品的稳定性。

3.2.2　酸浸除杂工艺

传统碱酸法,第一步采用碱熔法去除大部分硅、铝等杂质,第二步采用酸浸法去除金属氧化物,但产品固定碳含量通常小于 99.8%,不能满足高端应用,所以此法被氢氟酸法取代,但从理论上看,碱熔除硅和酸浸去除金属氧化物与氢氟酸法效果相同。如前所述,碱熔除硅后石墨固定碳含量为 97.9%,笔者其他的研究表明,增加氢氧化钠用量到一定值时,石墨固定碳含量将达到极限,不会再有明显提升,推测酸浸对最终产品的固定碳含量将产生一定影响。本节通过实验,旨在找出碱酸法提纯的制约因素,通过合理工艺设计提高最终产品的固定碳含量,从而使传统的碱酸法技术广泛应用于石墨行业中。

3.2.2.1　酸浸除杂工艺设计

以氯化钠为助剂,碱熔除硅后固定碳含量为 98.5% 的产品为酸浸原料,酸浸液的选择可为硫酸、硝酸、盐酸中的一种或几种相互混合。从经济环保等方面考虑,本节采用硫酸作为酸浸液,验证不同硫酸浓度、不同反应时间、不同反应温度等对最终固定碳含量的影响。

3.2.2.2　酸浸实验结果

表 3 - 8 为硫酸质量浓度为 10%,浸出时间为 480 min,不同浸出温度对最终产品固定碳含量的影响。随着温度的升高,最终产品固定碳含量逐渐提高,

至 80~90 ℃ 时达到最高点,最终产品固定碳含量为 99.87%。

表 3-8　不同浸出温度对最终产品固定碳含量的影响

硫酸浓度/%	浸出时间/min	浸出温度/℃	原料固定碳含量/%	产品固定碳含量/%
10	480	20	98.50	99.34
10	480	30	98.50	99.36
10	480	40	98.50	99.42
10	480	50	98.50	99.45
10	480	60	98.50	99.51
10	480	70	98.50	99.76
10	480	80	98.50	99.87
10	480	90	98.50	99.87

　　表 3-9 为 80 ℃ 酸浸后最终产品的杂质元素含量,可见酸浸后对硅含量影响较小,而铁元素含量大幅降低,说明碱熔处理后固定碳含量为 98.50% 的石墨中存在大量的含铁杂质,与酸反应生成可溶性物质,钙元素含量有所下降,降至 155 μg/g,而硫含量由 51 μg/g 上升至 91 μg/g,这可能与硫酸浸出有关,硫酸与钙反应生成微溶的硫酸钙,与产品混在一起,工业中可采用稀盐酸与硫酸浸出液混用去除该杂质。表 3-9 中,铁、铝、铬最终含量都为 100 μg/g 以上,说明存在较难浸出的物质,如较难被酸腐蚀的四氧化三铁、三氧化二铬等,推测在酸浸过程中附加浸出压力、添加助剂、实施动态浸出等手段有可能进一步提高产品的固定碳含量。

表 3 - 9　碱熔与酸浸处理后杂质元素含量

杂质元素	碱熔处理后 杂质元素含量/($\mu g \cdot g^{-1}$)	碱熔与酸浸处理后 杂质元素含量/($\mu g \cdot g^{-1}$)
Si	382	370
Fe	11132	173
Ca	917	155
Al	375	131
Ni	0	0
Cu	43	34
Co	40	29
Cr	146	121
Ti	1210	152
S	51	91

为了验证上述猜想,笔者将浸出液按水、硫酸、双氧水、表面活性剂质量比为 10:1:0.1:0.05,浸出液与石墨质量比为 1.5:1,在压力反应釜中进行密闭加压,浸出温度为 80 ℃,搅拌速度为 100 r/min,浸出时间为 8 h,清洗烘干后固定碳含量为 99.93%,其杂质元素含量如表 3 - 10 所示。大部分金属杂质元素都有所降低,但硫元素含量却有所升高,推测实施高效清洗,将决定最终产品的固定碳含量。

表 3 - 10　酸浸密闭加压并加入助溶剂后杂质元素含量

杂质元素	碱熔处理后 杂质元素含量/($\mu g \cdot g^{-1}$)	酸浸密闭加压处理后 杂质元素含量/($\mu g \cdot g^{-1}$)
Si	382	370
Fe	11132	65
Ca	917	45
Al	375	29
Ni	0	0
Cu	43	31

续表

杂质元素	碱熔处理后 杂质元素含量/($\mu g \cdot g^{-1}$)	酸浸密闭加压处理后 杂质元素含量/($\mu g \cdot g^{-1}$)
Co	40	30
Cr	146	30
Ti	1210	48
S	51	80

3.2.2.3　酸浸结果分析与讨论

在酸浸过程中加入表面活性剂和双氧水并采用密闭加压工艺,可以有效降低石墨杂质元素的含量,产品最终固定碳含量可提高至99.93%。表面活性剂作用如下:(1)经过多磨多选过程,杂质大多以细小颗粒鳞片附着在石墨表面,晶质石墨本身较软,在磨损与碰撞过程中易与杂质表面接触而涂覆杂质,这层涂覆膜对杂质形成防护,具有较强的疏水性并防止侵蚀液与杂质接触,也可以解释为杂质颗粒较难被稀硫酸溶液直接润湿,表面活性剂分子结构具有双亲特点,即每个分子都含有亲水基团和疏水基团,提高了杂质表面石墨膜的亲水性,稀硫酸由石墨杂质与石墨膜包覆的裂缝处缓慢浸入,从而提高了杂质矿物的浸出;(2)杂质中含少量的 Mg^{2+}、Ca^{2+},硫酸中的 SO_4^{2-} 会与这些碱金属离子反应生成微溶物或沉淀吸附在石墨鳞片上,从而阻碍了反应物和产物的互相扩散,影响反应速度;表面活性剂的添加降低了酸浸液的表面张力,有效改善了矿物颗粒的表面活性,在一定搅拌作用下,硫酸盐的微溶物扩散能力提高,从而促进了稀硫酸的持续侵蚀。双氧水的作用如下:(1)双氧水的加入明显增大了自腐蚀电位和电流密度,腐蚀倾向加剧,且不会使金属发生钝化;(2)析氢电位负移,极限扩散电流增大,双氧水的加入提高了有效氧浓度,促进了阴极还原速率。在稀硫酸中混入一定比例的双氧水,不但加速了金属及氧化物的反应,而且降低了硫变为单质的概率,使单质硫转变为二氧化硫,进一步促进金属硫化矿杂质的去除。密闭加压作用如下:(1)高压状态能够延缓双氧水的分解;(2)有效促进硫向二氧化硫的转变;(3)在酸浸出的过程施加一定压力,侵蚀液可沿腐蚀裂缝浸入,这与加入表面活性剂起到双重作用,促进了金属及氧化物的浸出。

综上所述,在酸浸过程中加入表面活性剂和双氧水并采用密闭加压工艺,可有效提高石墨产品的固定碳含量。

3.2.3　高效清洗工艺

目前在天然石墨化学提纯过程中,大部分企业采用压滤机与离心机联合方式,设备投资高,而且存在用水量大、能耗高、产品易流失等问题,相对而言,真空过滤清洗成为高纯石墨制备企业的最佳选择。真空过滤机分为连续式和间歇式,其中连续式多段清洗设备以履带式真空过滤机为主,但缺点是占地面积大、投资高,因此应用较少。间歇式真空过滤机采用过滤介质把容器分隔为上、下腔,将需要清洗的悬浮液加入上腔,在压力作用下通过过滤介质进入下腔成为滤液,固体颗粒截留在过滤介质表面形成滤饼,这种设备已经广泛应用于科研院所的实验室中,但在实际工业生产过程中,尤其是石墨提纯行业领域,简单的上、下腔真空过滤清洗机的应用处于空白阶段。考虑到鳞片石墨或较细的球形石墨易于堵塞过滤介质,在实验或研究阶段,可以先将上部悬浊液导出再对过滤介质进行清理,待清理后再使用,但是此种操作过于烦琐,不适用于工业生产。因此,基于实验室中常用的上、下腔真空过滤清洗机研发一种天然石墨提纯真空过滤清洗装置是很符合实际需要的。

3.2.3.1　高效清洗装置设计

笔者课题组自制了一种双向天然石墨提纯真空过滤清洗装置,该装置包括抽滤桶、废水箱、抽水管、下层过滤板、支撑柱、真空泵、抽气管、底板、支撑架和可拆卸过滤单元等。废水箱固接在底板的顶部,抽滤桶设置在废水箱的上方,抽滤桶与底板之间设有支撑架,抽滤桶的底部与支撑架的顶部固定连接,支撑架的底部与底板的顶部固定连接。抽滤桶与废水箱之间设有抽水管,抽水管的一端与废水箱顶部连通,另一端与抽滤桶的下部连通。下层过滤板设置在支撑架的顶端,且与支撑架固定连接,抽水管与抽滤桶的连通处位于下层过滤板的下方,下层过滤板的外环面与抽滤桶的内壁密封。真空泵设置在废水箱的一侧,且真空泵的壳体固接在底板上,真空泵与废水箱之间设有抽气管,抽气管的一端与真空泵的抽气端连通,另一端与废水箱连通。可拆卸过滤单元设置在废水箱的一侧,且一端与废水箱连通,连通点位于抽气管与废水箱的连通点上方。

可拆卸过滤单元包括柔性导管、上桶和顶部过滤板。柔性导管的一端与废水箱连通,另一端与上桶的封闭端连通,顶部过滤板设置在上桶的开口端且与上桶的开口端固定连接,上桶的外环壁上套设密封套,密封套的外径尺寸与抽滤桶的内壁尺寸相同。柔性导管上串联有一号限流阀,一号限流阀靠近废水箱设置。废水箱下部的外壁上设有放水管,放水管的一端与废水箱连通,另一端与废水处理管道连通,放水管上串联有二号限流阀。抽滤桶下部的外壁上设有充水管,充水管的一端与抽滤桶连通,另一端与清水管道连通,充水管上串联有三号限流阀,且充水管位于下层过滤板的上方,具体结构如图3-7所示。

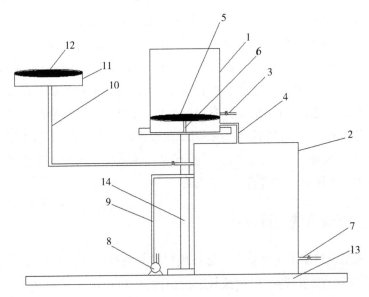

1—抽滤桶;2—废水箱;3—充水管;4—抽水管;5—下层过滤板;6—支撑柱;
7—放水管;8—真空泵;9—抽气管;10—柔性导管;11—上桶;12—顶部过滤板;
13—底板;14—支撑架。

图3-7　自制清洗装置的结构示意图(常态下)

3.2.3.2　高效清洗方法

步骤一:将各个部件按照具体实施方式组装好,此时可拆卸过滤单元不设置在抽滤桶中,关闭一号限流阀、二号限流阀和三号限流阀,启动真空泵,悬浊液经过抽滤桶底部的下层过滤板进行过滤,将石墨颗粒留在下层过滤板,其余废水收入废水箱中。

步骤二:随着抽滤工作的进行,悬浊液中的固体颗粒逐渐向抽滤桶底部的下层过滤板沉积,下腔的抽滤变慢(此时石墨颗粒已经将下层过滤板上的孔大部分阻塞或全部阻塞,下层过滤板逐渐失效或完全失效),悬浊液逐渐分层。此时将可拆卸过滤单元设置在抽滤桶中,并打开一号限流阀,可拆卸过滤单元与下层过滤板之间的空气和悬浊液通过柔性导管进入废水箱中实现从顶部完成抽滤工作。在进行抽滤工作时先抽取空气,随着空气的抽出,在负压状态下上桶会带动顶部过滤板缓慢向下运动,澄清的上层液将迅速抽离至废水箱中,之后附加的顶部过滤板与上沉积层接触,此时相当于增加 1 倍过滤面积,从而有效提高生产效率,自制清洗装置工作状态示意图如图 3－8 所示。

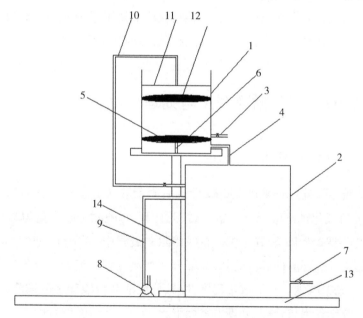

1—抽滤桶;2—废水箱;3—充水管;4—抽水管;5—下层过滤板;6—支撑柱;
7—放水管;8—真空泵;9—抽气管;10—柔性导管;11—上桶;12—顶部过滤板;
13—底板;14—支撑架。

图 3－8 自制清洗装置的结构示意图(可拆卸过滤单元工作状态下)

步骤三:在上述双重抽滤的作用下,当滤饼含水率较低时,打开充水管中的二号限流阀,以 0.08~0.10 MPa 的水压冲散滤饼。

步骤四:按流程重复清洗,直到达到实际石墨提纯的工艺设计要求,形成合格滤饼。

3.2.3.3 高效清洗结果分析与讨论

自制清洗装置相比于传统的单向真空抽滤器,有效解决了由于物料在重力及真空力双重作用下细小过滤物质在过滤介质表面沉积而导致透水率下降的问题,在过滤液的上方安置一套可拆卸过滤单元,可迅速抽走上层的澄清液,过滤面积相当于增加 1 倍,过滤效率提高。另外,利用本装置对提纯后的石墨进行清洗,用水量按石墨固定计算约为 1:10,对比压滤机、离心机等清洗设备。此自制清洗装置是对间歇式真空过滤进行技术改造,投资少、占地面积小,同时解决了间歇过滤机普遍存在过滤介质易堵塞、较厚滤饼阻碍固液分离导致过滤效率低的问题,可高效应用于天然石墨、球形石墨提纯加工领域。

3.2.4 废碱和废酸循环利用与处理

3.2.4.1 废碱循环利用与处理

本章中碱熔除硅过程采用 200 kg 浮选后固定碳含量为 95% 左右的天然石墨与 100 kg 氢氧化钠溶液(50%)混合,按此计算,每吨固定碳含量为 95% 的天然晶质石墨需要 250 kg 氢氧化钠。在碱熔除硅过程中,氢氧化钠除与硅基、铝基等杂质反应生成可溶性硅酸盐外,大部分在加热过程中充分与空气中的二氧化碳接触,变成碳酸钠。在清选过程中,废碱分成浓废碱液和稀废碱液,对两种废碱液进行循环利用与处理,处理方案如下。

把碱熔处理后的石墨浸入纯净水中,石墨与水按 1:2 进行混合,利用自制清洗装置进行抽滤形成滤饼,此时滤饼的水分约为 30%。按每吨固定碳含量为 95% 的天然晶质石墨计算,滤饼中含钠元素碱的溶液占 400 kg 左右,一次滤液中含钠元素碱的溶液占 1600 kg,由此计算,一次滤液含钠元素碱的浓度约为

11.1%。假设钠元素全部生成碳酸钠,按此计算,碳酸钠固体质量约为 469 kg。在一次滤液中加入 300 kg 氢氧化钙,搅拌加热 5 h,加入絮凝剂,进行固液分离。在氢氧化钙与碳酸钠溶液加热过程中,滤液中的主要成分为氢氧化钠,理论浓度依然为 11.1%,在与氢氧化钙反应过滤后,滤液剩余总质量约为 1400 kg,此溶液在除硅过程中循环应用。

工艺一:本滤液蒸发浓缩,相当于碱生产过程中的最后工艺,当浓缩至氢氧化钠占比为 30% 左右后,加入 600 kg 左右的固定碳含量为 95% 的晶质石墨,按步骤进行碱熔、酸浸等处理,最终产品固定碳含量在 99.95% 以上。

工艺二:在剩余的 1400 kg 滤液中,添加 500 kg 氢氧化钠固体,混入 3 t 左右固定碳含量为 95% 的晶质石墨,最终产品固定碳含量在 99.95% 以上,与原工艺比,节省了氢氧化钠的用量。

工艺三:把剩余约为 1400 kg 的滤液直接混入 3 t 左右固定碳含量为 95% 的晶质石墨中,按步骤进行碱熔、酸浸等处理,最终产品固定碳含量可达 99%。

综上所述,浓度较高的废碱可以回收加以循环利用,可根据市场要求生产不同品位的高碳或高纯石墨。

3.2.4.2　废酸液循环利用与处理

本章中浸出液按水、硫酸、双氧水、表面活性剂质量比为 10:1:0.1:0.05,浸出液与石墨质量比为 1.5:1 进行。在清选过程中废酸分成浓废酸液和稀废酸液,对两种废酸液进行循环利用与处理,处理方案如下。

利用自制清洗装置进行抽滤,此时滤饼的水分约为 30%,按每吨固定碳含量为 95% 的天然晶质石墨计算,滤饼中酸液占 400 kg 左右,浓废酸液质量约为 1100 kg,此种液体可直接循环用作下一次浸出提纯。

3.3 新型碱酸法 4N 级石墨提纯工艺

3.3.1 电化学去除难溶金属基杂质

3.3.1.1 电化学去除难溶金属基杂质工艺设计

电化学去除金属杂质的装置如图 3 – 9 所示。把碱熔除硅后固定碳含量为 98.50% 的石墨与图 3 – 9 中腔体在底部压实,在腔体底部接入导线并作为阳极,倒入一定的电解液,电解液由稀硫酸和表面活性剂组成,在压实的石墨表面覆盖耐腐蚀滤布,上方安置不锈钢作为阴极,此时石墨作为自"牺牲"阳极,研究不同电流密度、不同时间对最终产品固定碳含量的影响。

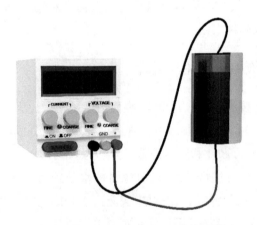

图 3 – 9 电化学去除金属杂质的装置

3.3.1.2 电化学去除难溶金属基杂质实验结果

设定电流密度为 5 A/dm^2,测定不同阳极氧化时间对最终产品固定碳含量的影响,实验结果如表 3 – 11 所示。以石墨作为自"牺牲"阳极,由于电流密度过大,接入电流最初阶段,石墨压成的阳极块体迅速解离分散。此工艺的关键是在一定的电解液中,降低电流密度并寻找最佳的电流密度。

表3-11　不同阳极氧化时间对最终产品固定碳含量的影响

阳极氧化时间/min	电流密度/(A·dm⁻²)	原料固定碳含量/%	产品固定碳含量/%
60	5	98.50	99.42
120	5	98.50	99.45
180	5	98.50	99.51
240	5	98.50	99.55
300	5	98.50	99.61
360	5	98.50	99.72
420	5	98.50	99.86
480	5	98.50	99.87

分别设定电流密度为 0.5 A/dm^2、1.0 A/dm^2、1.5 A/dm^2、2.0 A/dm^2、2.5 A/dm^2、3.0 A/dm^2、3.5 A/dm^2、4.0 A/dm^2,测定不同电流密度对最终产品固定碳含量的影响,如表 3-12 所示。结果表明,电流密度为 0.5 A/dm^2、1.0 A/dm^2、1.5 A/dm^2 时产品固定碳含量都达到了 99.99% 以上,当电流密度超过 3.5 A/dm^2 时,石墨阳极分散较快,阳极有效的氧化过程较短,最终产品固定碳含量与普通酸浸结果相比没有出现明显变化。

表3-12　不同电流密度对最终产品固定碳含量的影响

电流密度/(A·dm⁻²)	阳极氧化时间/min	原料固定碳含量/%	产品固定碳含量/%
0.5	480	98.50	99.992
1.0	480	98.50	99.993
1.5	480	98.50	99.993
2.0	480	98.50	99.989
2.5	480	98.50	99.958
3.0	480	98.50	99.919
3.5	480	98.50	99.867
4.0	480	98.50	99.867

图 3-10 分别为 0.5 A/dm^2、1.0 A/dm^2、1.5 A/dm^2 电流密度时最终产品横

截面的 SEM 图,在 0.5 A/dm² 电流密度条件下,横截面没有明显变化,而当电流密度增加至 1.0 A/dm² 和 1.5 A/dm² 时,片层有微张的趋势,可能出现了电化学插层。经高温检验,1.0 A/dm² 和 1.5 A/dm² 时最终产品有膨胀现象,说明在电化学除金属杂质过程中,需要探索最佳的电流密度与阳极氧化时间,而此种工艺在提纯中不易控制,但为之后研究电化学可膨胀石墨的制备提供了较好的思路。

(a)

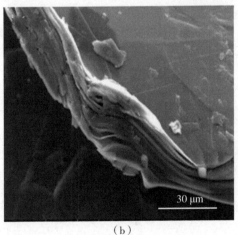

(b)

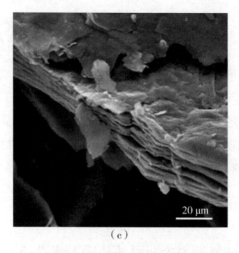

（c）

图 3 - 10   不同电流密度条件下最终产品横截面的 SEM 图

（a）0.5 A/dm²；(b)1.0 A/dm²；(c)1.5 A/dm²

表 3 - 13 为 0.5 A/dm² 电流密度条件下，阳极氧化 8 h 后的杂质元素含量，可见金属基杂质去除效果较好，含量有较大幅度的下降。

表 3 - 13   0.5 A/dm² 电流密度条件下阳极氧化 8 h 后的杂质元素含量

杂质元素	杂质元素含量/$(\mu g \cdot g^{-1})$
Si	360
Fe	23
Ca	25
Al	18
Ni	0
Cu	21
Co	19
Cr	19
Ti	34
S	45

3.3.1.3 电化学去除难溶金属基杂质结果分析与讨论

以石墨作为自"牺牲"阳极,在一定的电流密度条件下,难溶金属基杂质含量可有效降低,最终产品固定碳含量可达到 4N 级,但实际工业操作时,可能存在规模化生产难、工艺参数较难控制等因素。从实验结果看,以熔融氢氧化钠去除硅基杂质后,在酸浸基础上,可进一步降低金属基杂质在最终产品中的残留,从而制备 4N 级或以上高纯石墨产品。

3.3.2 熔融硫酸氢钠去除难溶金属基杂质

3.3.2.1 熔融硫酸氢钠去除金属基杂质工艺设计

硫酸氢钠属于强酸的酸式盐,是一种较好的溶矿药剂,本节主要采用熔融硫酸氢钠去除金属基杂质。原料采用碱熔除硅后固定碳含量为 98.50% 的石墨,石墨、硫酸氢钠、水质量比为 10:2:3,反应设备为双螺旋搅拌机,研究不同加热温度、不同反应时间对最终产品固定碳含量的影响。

3.3.2.2 熔融硫酸氢钠去除金属基杂质实验结果

表 3 – 14 至表 3 – 19 为不同加热温度以及不同反应时间对最终产品固定碳含量的影响,可见在设定的几种温度条件下,随着反应时间的延长,最终产品固定碳含量总体存在上升趋势,当温度达到 300 ℃ 时,从反应 120 min 后,固定碳含量都保持在 99.993%,而达到 350 ℃ 时,最终产品的固定碳含量相对于 300 ℃ 时有所下降,同时在实验中发现,350 ℃ 反应时有二氧化硫分解逸出,影响石墨最终杂质含量。

表 3 - 14　加热温度为 100 ℃时不同反应时间对最终产品固定碳含量的影响

加热温度/℃	反应时间/min	产品固定碳含量/%
100	30	99.313
100	60	99.526
100	90	99.712
100	120	99.915
100	150	99.926
100	180	99.967
100	240	99.991

表 3 - 15　加热温度为 150 ℃时不同反应时间对最终产品固定碳含量的影响

加热温度/℃	反应时间/min	产品固定碳含量/%
150	30	99.634
150	60	99.758
150	90	99.925
150	120	99.947
150	150	99.957
150	180	99.990
150	240	99.991

表 3 - 16　加热温度为 200 ℃时不同反应时间对最终产品固定碳含量的影响

加热温度/℃	反应时间/min	产品固定碳含量/%
200	30	99.901
200	60	99.933
200	90	99.942
200	120	99.956
200	150	99.991
200	180	99.991
200	240	99.992

表 3 - 17　加热温度为 250 ℃时不同反应时间对最终产品固定碳含量的影响

加热温度/℃	反应时间/min	产品固定碳含量/%
250	30	99.932
250	60	99.945
250	90	99.967
250	120	99.978
250	150	99.991
250	180	99.992
250	240	99.993

表 3 - 18　加热温度为 300 ℃时不同反应时间对最终产品固定碳含量的影响

加热温度/℃	反应时间/min	产品固定碳含量/%
300	30	99.982
300	60	99.990
300	90	99.991
300	120	99.993
300	150	99.993
300	180	99.993
300	240	99.993

表 3 - 19　加热温度为 350 ℃时不同反应时间对最终产品固定碳含量的影响

加热温度/℃	反应时间/min	产品固定碳含量/%
350	30	99.936
350	60	99.947
350	90	99.990
350	120	99.991
350	150	99.991
350	180	99.991
350	240	99.991

3.3.2.3　熔融硫酸氢钠去除金属基杂质结果分析与讨论

在加热反应初期,硫酸氢钠以水溶盐形式存在,硫酸氢钠电离出氢离子,溶液呈强酸性,氢离子与易溶解的金属基杂质反应,生成可溶的硫酸铁等。以表 3–14 中 100 ℃ 实验结果为例,150 min 时,物料水分尚未充分蒸发,此时产品的固定碳含量为 99.926%,与稀硫酸处理的产品固定碳含量为 99.93% 的结果相差无几。180 min 时,产品固定碳含量明显进一步提升,说明当物料中水分蒸干后,反应进入第二阶段,硫酸氢钠首先失去结晶水,随着温度升高硫酸氢钠充分释放氢离子。表 3–18 实验结果中,300 ℃ 反应 120 min 时产品固定碳含量为 99.993%,达到 4N 级以上,其主要原因是在较高温度下氢离子更容易与难溶的金属基杂质反应生成硫酸铁或硫酸亚铁;含钙的金属基杂质首先与硫酸氢钠生成硫酸钙,对杂质进行结构破坏,促进了氢离子与金属基杂质的进一步反应,从而降低最终产品金属元素的含量。表 3–20 为 300 ℃ 硫酸氢钠熔融反应 120 min 时杂质元素含量。由表可见,铁、钴、铬等元素含量都在 30 μg/g 以下。

表 3–20　300 ℃ 硫酸氢钠熔融反应 120 min 时杂质元素含量

杂质元素	杂质元素含量/($\mu g \cdot g^{-1}$)
Si	358
Fe	16
Ca	25
Al	17
Ni	0
Co	17
Cu	17
Cr	21
Ti	25
S	41

综上所述,经过碱熔除硅处理的石墨样品,再经过硫酸氢钠熔融除金属基杂质可规模化生产 4N 级天然晶质石墨,在水处理过程中,废水中的硫酸氢钠与

适量石灰反应,生成硫酸钙沉淀与稀氢氧化钠溶液,可进行循环利用处理。与电化学去除金属基难溶杂质相比,熔融硫酸氢钠去除金属基杂质成本低、效率高,目前适合石墨企业进行推广与应用。

3.4 结论与展望

本章是在传统碱酸法石墨提纯基础上对设备与工艺的再创新,自制了可加热的碱熔除硅装置和高效清洗装置,提高了生产效率并降低了能耗,而且进一步增大了杂质与苛性碱的接触概率,提高除硅效果。自制清洗装置主要解决单层真空过滤时细小过滤物在重力和真空力双重作用下堵塞过滤介质导致清洗效率低、清洗不干净等问题,有望在实际生产中得到推广与应用。在碱熔过程中加入适量的氯化钠,可以提高除硅效果。本章所采用的技术适合浮选后天然晶质石墨提纯,在后续的可膨胀石墨和球形石墨提纯中,此工艺将会略有调整,具体细节在其他章节叙述。

3.5 本章参考文献

[1] 翁孝卿,李洪强,程润,等. 低品位隐晶质石墨浮选提纯试验研究[J]. 矿产综合利用,2018(5):84-88.

[2] 李红敏. 晶质石墨提纯方法简述[J]. 浙江化工,2019,50(4):17-19.

[3] 王星,胡立嵩,夏林,等. 石墨资源概况与提纯方法研究[J]. 化工时刊,2015,29(2):19-22.

[4] 袁韵茹,张凌燕,邱杨率,等. 莫桑比克大鳞片石墨化学提纯试验研究[J]. 硅酸盐通报,2017,36(8):2600-2606.

[5] 任晓聪. 石墨提纯工艺的研究进展[J]. 广州化工,2018,46(3):11-12,22.

[6] 肖绍懿,杨辉,李德伟,等. 炭-石墨类材料提纯技术[J]. 炭素技术,2019,38(5):13-16,32.

[7] 胡祥龙,汤贤,周岳兵,等. 连续式高温反应石墨提纯装备与工艺[J]. 新型炭材料,2016,31(5):532-538.

[8]郭润楠,李文博,韩跃新. 天然石墨分选提纯及应用进展[J]. 化工进展, 2021,40(11):6155 – 6172.

[9]黄丽莉,徐辉,刘颖,等. 陕西省凤县岩湾隐晶质石墨提纯试验研究[J]. 中国煤炭地质,2018,30(11):12 – 17.

[10]刘国英. 隐晶质石墨提纯新技术及发展前景[J]. 化工管理,2021(11): 81 – 82.

[11]蒋应平,李贺,王海北,等. 加压碱浸 – 常压酸浸提纯隐晶质石墨工艺 [J]. 矿冶,2019,28(5):69 – 73.

[12]肖骁,龙渊,刘瑜,等. 石墨浮选精矿碱酸法制备高纯石墨[J]. 矿冶工 程,2021,41(6):145 – 149.

[13]李常清,韦永德. 液相化学法制取高纯石墨研究[J]. 非金属矿,2002,25 (2):35 – 36,38.

[14]赖奇,李玉峰,刘国钦. 攀枝花细鳞片石墨制备高纯石墨的几种方法比较 [J]. 攀枝花学院学报,2007,24(3):10 – 14,130.

[15]张琳,方建军,赵敏捷,等. 隐晶质石墨提纯研究进展[J]. 化工进展, 2017,36(1):261 – 263.

[16]腾飞. 高压碱浸 – 常压酸浸法提纯鳞片石墨的研究[D]. 昆明:昆明理工 大学,2015.

[17]张劲斌,罗英涛,杨宏杰. 碱酸 – 高温氯化联合法提纯鳞片石墨研究[J]. 炭素技术,2016,35(5):56 – 60.

[18]梁刚,赵国刚,王振延. 感应加热制取高纯石墨研究[J]. 炭素技术, 2013,32(4):44 – 46.

[19]汪巍. 陕西丹凤细鳞片石墨浮选 – 碱酸法提纯及其机理研究[D]. 武汉: 武汉理工大学,2016.

[20]任晓聪,张光旭. 硫酸 – 氢氟酸分步法提纯石墨的工艺研究[J]. 非金属 矿,2017,40(3):68 – 70.

[21]张然,余丽秀. 硫酸 – 氢氟酸分步提纯法制备高纯石墨研究[J]. 非金属 矿,2007,30(3):42 – 44.

[22]李小波,涂文懋,胡鸿雁. 隐晶质石墨提纯试验研究[J]. 炭素技术, 2013,32(5):23 – 26.

[23]谢刚,李晓阳,臧健,等. 高纯石墨制备现状及进展[J]. 云南冶金,
    2011,40(1):48-51.

[24]唐维,匡加才,谢炜,等. 隐晶质石墨纯化研究进展[J]. 化学工程师,
    2012,26(4):30-33.

[25]李志远,李国荣. 国内外石墨提纯技术的现状分析[J]. 中国高新技术企
    业,2013(1):64-65.

[26]张向军,陈斌,高欣明,等. 高温石墨化提纯晶质(鳞片)石墨[J]. 炭素
    技术,2001(2):39-40.

[27]彭富福,王朝正,林裕章. 2205双相不锈钢沉积氯化钠之高温腐蚀[J].
    电化学,2005,11(4):369-376.

[28]江宗斌,姜谙男,李宏. 氯化钠溶液腐蚀板岩蠕变特性及改进HIM模型研
    究[J]. 岩石力学与工程学报,2016,35(2):3725-3733.

[29]杨超,张慧霞,郭为民,等. 添加双氧水对高强度低合金钢在海水中腐蚀
    影响的研究[J]. 中国腐蚀与防护学报,2013,33(3):205-210.

[30]马奇,杨道武,任卓,等. 双氧水钝化对碳钢耐腐蚀行为的研究[J]. 清洗
    世界,2012,28(5):11-14.

[31]张鸿波,李悦,张忠新. 隐晶质石墨酸浸提纯试验[J]. 矿产综合利用,
    2013,(6):41-43.

[32]孔建军,程飞飞,刘克起,等. 碱酸法制备高纯石墨试验研究[J]. 非金属
    矿,2023,46(3):74-75,80.

[33]肖奇,张清岑,刘建平. 某地隐晶质石墨高纯化试验研究[J]. 矿产综合
    利用,2005(1):3-6.

[34]刘曦,雷新荣,吴红丹,等. 大田细鳞片石墨的提纯试验研究[J]. 非金属
    矿,2009,32(1):53-55,76.

[35]岑对对,张韬,于阳辉,等. 黑龙江某石墨矿石大鳞片石墨回收及提纯试
    验研究[J]. 金属矿山,2018(6):89-93.

[36]刘海营,劳德平,李崇德,等. 黑龙江萝北鳞片石墨浮选新工艺研究[J].
    中国矿业,2015,24(S2):182-185.

[37]郭敏,马化龙,胡四春. 某鳞片状石墨剥片磨矿浮选试验[J]. 现代矿业,
    2013,29(6):88-90,179.

[38]屈鑫, 张凌燕, 李希庆. 保护石墨大鳞片的分级磨浮新工艺研究[J]. 非
　　金属矿, 2015, 38(2): 53 – 55.

[39]陆康. 低品位难选细鳞片石墨选矿工艺研究[D]. 武汉: 武汉理工大
　　学, 2014.

[40]李凤. 石墨尾矿中回收石墨和绢云母的选矿工艺研究[D]. 北京: 北京有
　　色金属研究总院, 2014.

第4章　高质量球形石墨产品与加工技术

动力汽车用锂离子电池通常追求更高的循环倍率,而储能用电池往往追求较低的原材料成本,以天然石墨制备负极材料,最大的优势在于成本较低,所以,中短期内储能用电池以天然石墨负极材料为主流。因此,现阶段要依托我国天然晶质石墨资源优势和天然石墨负极的产业基础,加大科技创新,开发高质量不同粒径的球形石墨系列产品。

4.1　球形石墨产品技术现状与问题分析

为了提高天然石墨的振实密度、降低比表面积,目前企业大多采用气流涡旋磨通过机械方式对天然石墨进行球化处理,通过科学控制球化轮转速、分级轮转速、风量大小、球化时间和给料量等关键生产工艺参数,提高不同粒径球形石墨的回收率,并经过沥青等包覆、碳化,使天然石墨负极体现出更高的首次库仑效率、更优异的循环稳定性和体积能量密度等。

目前我国天然球形石墨产品链中面临的主要问题有三个:一是球形石墨的绿色提纯;二是球形尾料的高价值应用;三是包覆、碳化工艺的减耗降碳问题。

4.2　不同粒径天然球形石墨的制备

4.2.1　原料与设备选用

目前企业普遍采用气流涡旋磨并多机联合,即多磨多分制备球形石墨,但此种气流涡旋设备的产率偏低（40%～50%）、多机联合的产量低。

　　本章实验是在黑龙江某厂进行的，采用 QCJ - 100 型和 QCJ - 30 型气流涡旋磨，其结构示意图如图 4 - 1 所示。

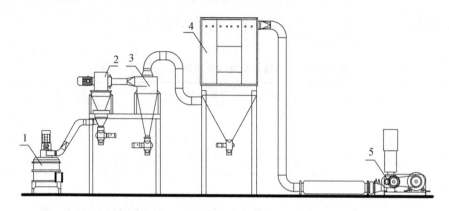

1—气流涡旋磨主机;2—外分级机;3—旋风集料器;4—收尘系统;5—引风系统。

图 4 - 1　气流涡旋磨结构示意图

　　根据两种机器型号的转速与磨盘不同，QCJ - 100 为主磨机，QCJ - 30 为整形机，由于该厂为新建球形项目，尚未对多台设备进行串联，所以本书采用单机验证方式，主磨机完成磨矿过程后物料分级收集，分别进入下一次球化，整形机也为单机作业。原料选用在本书第 2 章新型浮选药剂应用下，经多磨多选固定碳含量为 95.1% 的细鳞片石墨，原料各项物理指标如表 4 - 1 所示。

表 4 - 1　球化前天然晶质石墨物理指标

粒径/μm	占比/%	振实密度/(g·cm^{-3})	比表面积/(m^2·g^{-1})
>150	9.2		
150～74	45.3	0.62	1.58
74～45	34.5		
<45	11.0		

4.2.2 设备工艺及参数设定

QCJ-100 型气流涡旋磨主磨机气流设定为 10000 m³/h、分级叶轮转速设定为 1500 r/min、粉碎盘转速设定为 1800 r/min、给料量为 1 t/h,物料分级收集后进入下一次球化,共球化 8 次,球化后物理指标如表 4-2 所示。

表 4-2 天然晶质石墨经 8 次球化后的物理指标

粒度分布	粒径/μm	振实密度/(g·cm⁻³)	比表面积/(m²·g⁻¹)
D10	9.967		
D50	13.276	0.78	6.69
D90	24.567		

图 4-2(a)为天然晶质石墨经 8 次球化后的表面 SEM 图,图 4-2(b)为其高倍率的 SEM 图,可见天然晶质石墨被粉碎成 20 μm 以下,以类"土豆"形貌为主,但夹杂着很多细小片状石墨。在摩擦与碰撞下,石墨表面有尚未紧密闭合的"毛边",此时的振实密度较低、比表面积较大。

(a)

（b）

图 4 - 2　天然晶质石墨经 8 次球化后的 SEM 图

（a）低倍率；（b）高倍率

通过主磨机 8 次球化后，再经 QCJ - 30 型气流涡旋磨整形。气流设定为 3000 m³/h、分级叶轮转速设定为 2500 r/min、粉碎盘转速设定为 3800 r/min、给料量为 0.5 t/h，物料分级收集后进入下一次整形，共整形 12 次。图 4 - 3（a）为经过 8 次球化和 12 次整形的低倍率 SEM 图，图 4 - 3（b）为高倍率 SEM 图，对比图 4 - 2，球形度变好，同时在其放大表面能观察到细小石墨片紧密贴合，不再出现明显的"毛边"，可以推测此时振实密度增加、比表面积降低。

（a）

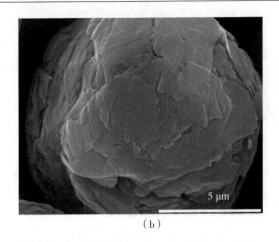

（b）

图4-3 经过8次球化和12次整形的SEM图
(a)低倍率;(b)高倍率

表4-3为天然晶质石墨经8次球化和12次整形的物理指标,对比表4-2,振实密度上升至0.98 g·cm^{-3},比表面积下降至4.67 m^2·g^{-1},再经12次整形D10、D50、D90粒度分布变化较小,可见选用不同型号的气流涡旋磨,通过改变球化轮转速、分级叶轮转速、风量大小、球化时间和给料量等生产工艺参数,可实现粉碎与整形双重作用。

表4-3 天然晶质石墨经过8次球化和12次整形的物理指标

粒度分布	粒径/μm	振实密度/(g·cm^{-3})	比表面积/(m^2·g^{-1})
D10	10.367		
D50	13.006	0.98	4.67
D90	23.567		

图4-4为经过8次球化和12次整形的尾料的SEM图,从图中可以看出,尾料中混有小于10 μm的小球及石墨片。

图 4 - 4　经过 8 次球化和 12 次整形的尾料的 SEM 图

　　为了提高球化率,将此种尾料再进行 4 次球化和与 8 次整形,制备直径为 6 ~ 8 μm的小球,收率为25%,表 4 - 4 为再次球化及整形的石墨的物理指标。尾料由细小片状石墨构成,如图 4 - 5 所示,可见全部为几微米的细小石墨片。

表 4 - 4　再次球化及整形的石墨的物理指标

粒度分布	粒径/μm	振实密度/(g·cm^{-3})	比表面积/(m^2·g^{-1})
D10	6.346		
D50	8.045	0.93	5.07
D90	16.543		

图 4 - 5　天然晶质石墨经多次球化和整形最终尾料的 SEM 图

4.2.3 球化实验结果与讨论

通过科学控制球化轮转速、分级叶轮转速、风量大小、球化时间和给料量等关键生产工艺参数对天然晶质石墨进行球化与整形,可制备不同粒径的球形石墨产品,产品粒径根据气流涡旋磨中循环次数而定,图4-6为经过6次球化和12次整形制备的平均粒径为16 μm 的球形石墨。

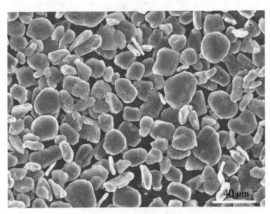

图4-6 经6次球化和12次整形制备的球形石墨的 SEM 图

为了提高球化率,可把部分尾料制备成平均粒径为6 μm 的球形石墨,如图4-7所示。整形过程是提高产品振实密度、降低比表面积的有效手段之一,而振实密度与比表面积是天然石墨作为锂离子电池用负极材料的重要参数,下一步本书将研究纯化对其振实密度与比表面积的影响。

图 4 - 7　尾料经再次球化与整形制备的球形石墨的 SEM 图

4.3　球形石墨纯化工艺

4.3.1　球形石墨纯化工艺设定

　　图 4 - 8 为固定碳含量为 95% 的天然晶质石墨制备的球形石墨元素面扫描图,Si、Al、O、K 等相对应的亮点较为明显,与球形石墨是分离状态,推测此种杂质在提纯过程中较为容易去除。在 EDS 分层图内分布着 C 元素和 Si 元素,若是 C 包裹 Si,则提纯较为困难,另外,石墨与杂质互为包裹存在,在提纯过程中,杂质溶解去除后可能留下空隙,所以从理论上分析,球形石墨提纯后,振实密度可能会降低,同时比表面积将增大。为了验证上述猜想,本节分两步进行验证,首先对球化后固定碳含量为 95% 左右的球形 3N 级高纯石墨(第 3 章制备)进行纯化处理(对比实验是将石墨天然晶质石墨提纯至 99.97% 以上),然后再进行球化和去除金属杂质处理。

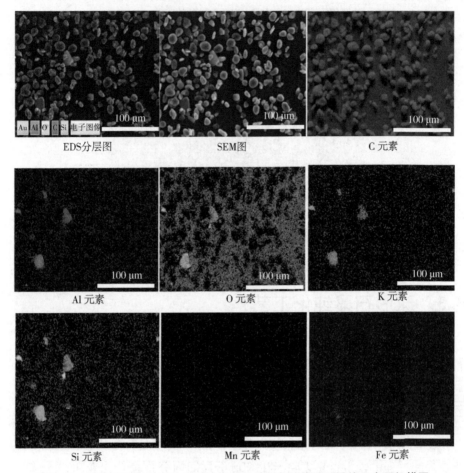

图 4-8　固定碳含量为 95% 的天然晶质石墨制备的球形石墨的元素面扫描图

4.3.2　实验结果与分析

4.3.2.1　先球化再纯化实验结果与分析

　　表 4-5 为石墨原料、球化后石墨、纯化后球形石墨的物理指标对比,其中石墨原料固定碳含量为 95.10%,球化后石墨是经过 8 次球化和 12 次整形的产品,纯化后球形石墨是采用第 3 章制备 3N 级高纯石墨的设备与工艺对球化后的石墨进行纯化处理。分析数据,球化后石墨与石墨原料相比固定碳含量下

降,可能是石墨在球化过程中,粉碎盘或齿轮等出现磨损而混入球形石墨中。为了验证上述推测,笔者对三种物料进行了 XRF 分析,其杂质元素含量的变化如表 4-6 所示。球化后石墨中铁、铬、钛等金属元素含量相比石墨原料明显有所增加,由于气流涡旋磨的粉碎盘及齿轮为超硬耐腐蚀合金,在球化及整形过程中合金因磨损混入石墨中,这将为后续提纯工作带来一定困难。

表 4-5　石墨原料、球化后石墨、纯化后球形石墨的物理指标对比

物料种类	固定碳含量/%	振实密度/$(g \cdot cm^{-3})$	比表面积/$(m^2 \cdot g^{-1})$
石墨原料	95.10	0.62	1.58
球化后石墨	94.70	0.98	4.67
纯化后球形石墨	99.93	0.93	5.02

表 4-6　石墨原料、球化后石墨、纯化后球形石墨杂质元素含量

杂质元素	石墨原料/$(\mu g \cdot g^{-1})$	球化后石墨/$(\mu g \cdot g^{-1})$	纯化后球形石墨/$(\mu g \cdot g^{-1})$
Si	5175	5234	478
Fe	13685	14846	43
Ca	4359	4389	36
Al	706	707	38
Ni	0	32	11
Cu	60	61	29
Co	130	137	37
Cr	74	254	42
Ti	252	300	38
S	5182	5178	40

　　本章对球化石墨进行提纯后,固定碳含量仅为 99.93%,而制备锂离子电池负极材料所用的球形石墨要求固定碳含量达到 99.95% 以上,同时要求微量元素尤其是磁性物达到一定限度。对比二度纯化后产品固定碳含量的差距,推测可能有以下两种原因。一是球化及整形过程中,粉碎盘与齿轮有磨损脱落,这在表 4-6 中有所体现。二是浮选后固定碳含量为 95% 的晶质石墨表面附着一

定的杂质,而在球化过程中,石墨片层对杂质进行二次包覆,这种杂质去除较为困难,在实际生产中,先采用氢氟酸+硝酸+盐酸一次提纯,再采用硝酸+盐酸二次提纯的球形石墨的固定碳含量也很难达到 4N 级以上。

为了验证上述第一种猜想,保持本书第 3 章中除硅设备与工艺不变,在酸浸过程中提高反应温度并延长反应时间,具体工艺如下:碱熔配方,石墨、氢氧化钠溶液(50%)、氯化钠质量比为 10:5:0.5;酸浸配方与工艺,浸出液按水、硫酸、双氧水、表面活性剂质量比为 10:10:1:0.5,浸出液与石墨质量比为 1.5:1,在压力反应釜中浸出温度为 120 ℃,搅拌速度为 100 r/min,浸出时间为 16 h。在此工艺条件下,最终纯化后球形石墨固定碳含量为 99.95%,产品固定碳含量有所提高,其杂质元素含量如表 4-7 所示,与表 4-6 结果相比,提高反应温度并延长反应时间对金属基杂质的去除效果较为明显,但硅元素的含量仍较高,推测是在球化石墨片层卷曲过程中,原本与石墨片层紧密贴合的部分杂质在碰撞、摩擦等作用下,被包裹在球形石墨中,图 4-7 为此条件下纯化后球形石墨的元素面扫描图。

表 4-7　提高反应温度并延长反应时间纯化后球形石墨的杂质元素含量

杂质元素	杂质元素含量/$(\mu g \cdot g^{-1})$
Si	411
Fe	27
Ca	30
Al	29
Ni	0
Cu	28
Co	27
Cr	23
Ti	24
S	30

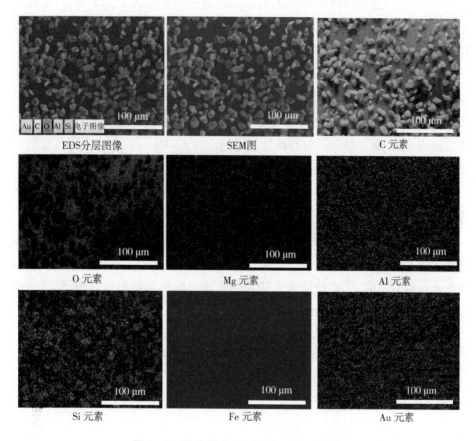

图4-9 纯化后球形石墨的元素面扫描图

从图4-9可以看出,硅元素亮点出现明显的集聚状态,并且与石墨的碳元素分布出现配位关系,可以从侧面推断,的确有部分硅基杂质与石墨共存,而其他元素未出现相应配位,可能为提纯工艺所决定,具体原因如下。酸浸过程中,在一定温度与压力下,随着酸浸时间的延长,酸液沿互为包裹的裂缝渗入,对金属基杂质进行侵蚀、溶解。碱熔除硅过程中在温度高于320 ℃时,氢氧化钠变成熔融态,但与石墨质量比仅为10:2.5(按氢氧化钠固体质量计算),直接与熔融氢氧化钠接触的硅基杂质可快速反应生成可溶性硅酸钠,而被石墨包裹的硅基杂质与熔融氢氧化钠接触不充分,所以除硅效果较差。为了验证上述理论,笔者改变碱熔工艺,即附加一步高温高压浓碱浸出,具体操作步骤如下。

步骤一:固定碳含量为95%的石墨与液碱按质量比为1:1.5混合,液碱浓度为50%,转移至高温反应釜,反应温度为220℃,反应时间为8 h,降温后进行压滤,确保滤饼水分为33%左右。

步骤二:将上述滤饼转移至本书自制碱熔除硅装置中,加入一定量的氯化钠除硅,然后对物料进行清洗,清洗后pH值要求达到8以下。

步骤三:把清洗后的滤饼按石墨固体质量与浸出液质量比为1:1.5混合,浸出液为水、硫酸、双氧水、表面活性剂质量比为10:10:1:0.5,在压力反应釜中浸出温度为120℃,搅拌速度为100 r/min,浸出时间为16 h。

步骤四:对酸浸物料进行清洗,清洗后pH值要求达到6以上,然后对滤饼进行干燥。

对干燥后的物料进行固定碳含量测试,此时结果为99.962%,其杂质元素含量如表4-8所示。与表4-7相比,硅元素由411 μg/g下降至181 μg/g,其他元素都略有下降,此实验结果也从侧面验证了球化与整形过程中,部分杂质被石墨微片包裹,而影响最终纯化结果。

表4-8 高温高压浓碱浸出提纯后球形石墨的杂质元素含量

杂质元素	杂质元素含量/($\mu g \cdot g^{-1}$)
Si	181
Fe	26
Ca	28
Al	27
Ni	0
Cu	25
Co	24
Cr	21
Ti	22
S	25

由表4-5可知,球形石墨纯化前后振实密度由0.98 g/cm³下降至0.93 g/cm³,比表面积由4.67 m²/g上升至5.02 m²/g。众所周知,振实密度与

比表面积和颗粒形貌有较大关联,表 4 - 9 为纯化前后球形石墨的粒度分布,可见粒度分布相差不大,不是引起振实密度和比表面积变化的主要因素。推测可能由于杂质被石墨微片包裹,与石墨共同形成球形石墨,而杂质在纯化后被溶解,在球形石墨表面形成缝隙或孔洞,其机理如图 4 - 10 所示,所以纯化后振实密度降低及比表面积增大也得到了合理的解释。

表 4 - 9　纯化前后球形石墨的粒度分布

纯化前粒度分布	粒径/μm	纯化后粒度分布	粒径/μm
D10	9.967	D10	9.969
D50	13.276	D50	13.279
D90	24.567	D90	24.565

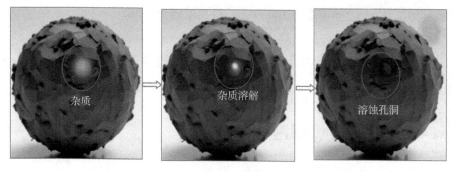

图 4 - 10　纯化后石墨杂质缝隙或孔洞生成示意图

球形石墨制备锂离子电池用负极材料时,其振实密度与比表面积是影响其性能的重要指标,因此,对上述纯化后的球形石墨进行 3 次整形,其振实密度达到 0.97 g/cm^3,比表面积为 4.69 m^2·g,达到了锂离子电池用负极材料的应用要求。

4.3.2.2　先纯化再球化实验结果与分析

本节先对鳞片石墨进行提纯,再进行球化,尽管目前国内球化石墨企业的收率仅为 50% 左右,以球形石墨成品计算,提纯成本提高一倍,但球形石墨尾料的高附加值应用却不可忽视。国内企业球形尾料粒径平均为 5 μm,由于纯度较低、粒度较小,目前还没有进行高附加值应用,少部分企业先对尾矿进行提纯,然后开发高导热材料、减磨材料、小片径石墨烯等,其价值成倍增长。由此考虑,先对固定碳含量约为95%的鳞片石墨进行纯化,然后再球化,得到的高纯尾矿可用于其他行业,但此种方案从经济价值角度讲,成本并没有额外提高。

在球化过程中,破碎盘及齿轮的磨损脱落混入金属杂质,如果对此类金属杂质进行酸浸,会导致酸的浪费并增加废水排放,因此本节设计了如下工艺。

步骤一:鉴于球化过程中粉碎盘、齿轮用的是高铬合金,脱落的磨削包括具有一定磁性的铬、铁等杂质,因此对纯化并球化后的石墨进行除磁处理。设备选用干式粉体除磁机,此时分离的非磁产品固定碳含量为99.969%,分离的磁性物产品固定碳含量为97.347%。

步骤二:对含磁物料进行酸浸,含磁物料与浸出液质量比以1:1.5混合,浸出液为水、硫酸、双氧水、表面活性剂质量比为10:10:1:0.5,在压力反应釜中浸出温度为120℃,搅拌速度为100 r/min,浸出时间为16 h。

步骤三:对上述酸浸的物料进行清洗烘干。

步骤四:为了保持原料的粒度分布,把上述清洗烘干物料重新混入原来无磁的物料中。

4.4 球形石墨尾料改性与应用

4.4.1 球形石墨尾料表面镀铜处理

由于石墨具有优良的导热性和导电性,所以铜基石墨复合材料比纯铜材料具有更优异的导电性和导热性,从而在机械、电子等领域得到广泛应用。目前铜基石墨复合材料的制备主要采用粉末冶金法,但粉末冶金法存在制品内部孔隙较多、强度比相应的铸件要低20%~30%、压制成型所需的压强高、制品受压制设备能力限制等缺点,所以制备铜基石墨复合材料的工艺还要向铸造工艺倾斜。而石墨本身密度低,在铸造过程中易上浮且分布不均匀,导致二者界面存在缺陷。所以在制备铜基石墨复合材料时,应先对石墨进行表面镀铜处理,使镀铜后的石墨与熔化的铜有较好的接触,待冷却成型后,大大改善了二者的界面结合。因此,本节着重研究石墨尾料表面镀铜工艺,具体工艺如下。

步骤一:首先要对其表面进行活化处理,敏化剂采用氯化亚锡,活化剂配方与应用参数如表 4 – 10 所示。

表 4 – 10　活化剂配方与应用参数

药品	用量	使用温度	球形尾料装载量	处理时间
氯化亚锡	50 g/L	20 ~ 40 ℃	20 ~ 40 g/L	5 min
盐酸	10 mL/L			

步骤二:将敏化后的石墨尾料清洗 2 ~ 3 次,然后进行活化处理,活化剂采用硝酸银,敏化剂配方与应用参数如表 4 – 11 所示。

表 4 – 11　敏化剂配方与应用参数

药品	用量	使用温度	球形尾料装载量	处理时间
硝酸银	2 g/L	20 ~ 30 ℃	20 ~ 40 g/L	5 min
铵水	加至溶液透明			

步骤三:将活化后的石墨尾料清洗 2 ~ 3 次,然后进行表面镀铜,表面镀铜配方与应用参数如表 4 – 12 所示。

表 4 – 12　石墨尾料表面镀铜配方与应用参数

药品	用量	使用温度	球形尾料装载量	搅拌反应时间
硫酸铜	12 g/L			
酒石酸钾钠	45 g/L			
甲醛	10 g/L	20 ~ 30 ℃	10 ~ 15 g/L	30 min
氢氧化钠	10 g/L			
碳酸钠	2 g/L			
硫脲	0.12 mg/L			

步骤四:将表面镀铜后的石墨尾料清洗至 pH 值小于 8,然后进行真空烘干。

图 4 - 11 为表面镀铜后球形尾料的表面形貌,与未镀铜相比,已不再呈现片状形貌,铜最初以粒子状态在敏化后的石墨表面沉积,当对石墨表面包覆完整后,在铜粒子表面继续沉积,层层叠加,最终形成大小不一的块状结构。因此在制备金属基石墨复合材料尤其是铜基石墨复合材料时,石墨与金属将会出现良好的界面结合。

图 4 - 11 表面镀铜后球形尾料的 SEM 图

图 4 - 12 为表面镀铜后石墨尾料的 XRD 谱图,可见除石墨峰外,同时出现了铜单质峰和银单质峰,这是在活化与敏化过程中,银被还原吸附于石墨表面,另外还出现了氧化铜的峰,说明石墨尾料表面镀铜后,尽管采用真空烘干,但还是出现了氧化现象,如果用此原料制备高导热与导电产品时,在表面镀铜后需要采用气体保护对其进行干燥,甚至需要进行热还原处理,确保颗粒细小的铜单质不被氧化。

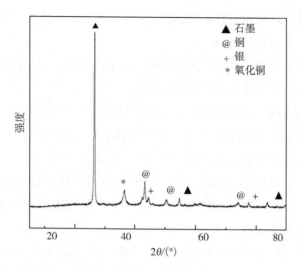

图 4 - 12　表面镀铜后石墨尾料的 XRD 谱图

4.4.2　球形石墨尾料硅化处理

碳化硅是由硅与碳元素以共价键结合的非金属碳化物,硬度仅次于金刚石和碳化硼,但碳化硅脆性大、抗弯曲强度低、耐冲击性能差。硅化石墨理论上是石墨表面形成碳化硅,在高温氧化时,碳化硅分解成二氧化硅,阻碍内部的石墨继续氧化,所以硅化石墨既保留了密度小、热膨胀系数小的优点,又具备了抗氧化等特性,具有较为广泛的用途。球形石墨尾料硅化处理工艺如下。

步骤一:单质硅原料粒径为 500 目,纯度大于 99.6%,将此原料进行粉碎处理。在真空下粉碎处理,转速为 200 r/min,磨球采用不锈钢球,用量与单质硅体积比为 1:1,等单质硅粒径达到 2000 目后,停止球磨。

步骤二:将球磨后的单质硅与石墨均匀混合,二者用量按体积比为 0.5:1,按上述球磨条件继续球磨 5 h。

步骤三:将上述球磨后的物料放入压力磨具,压力设置为 3 MPa/cm²,压成圆柱形块体。

步骤四:将上述圆柱形块体放入气氛炉中,氩气保护,热处理温度为 1700 ℃,时间为 4 h。

步骤五:待热处理降温后,采用碾压方式对圆柱形块体进行粉碎。

步骤六:对上述粉体进行提纯,即用30%的氢氧化钠液体对粉体进行热浸,热浸温度为80 ℃,时间为2 h。

步骤七:对上述热浸液进行固液分离及清洗,清洗至 pH 值为 7.5 左右,然后进行烘干,即可完成球形尾料的硅化处理。

图 4 - 13 为硅化处理后球形尾料的表面形貌,可见硅以粒子形态在片状物上覆盖堆积,一方面说明球形尾料与硅粉混合后经球磨石墨进一步被破碎;另一方面说明,石墨在高温下与硅粉进行反应,生成碳化硅。在石墨与硅粉互为包裹的体系中,可能存在两部分组成,其中一部分,石墨质软而硅粉质硬,推测大多生成了以石墨为主的包裹体,生成核 - 核 - 壳结构,内核可能是未反应的硅颗粒,外核是碳化硅颗粒,壳则是石墨;另一部分则是石墨表面分布大量单质硅粉,在高温热反应下,细小单质硅粉与石墨片表层接触部分反应,生成碳化硅,此种碳化硅呈现细小粒子状对石墨片层进行包覆,在空气中高温条件下,碳化硅分解成二氧化硅,对石墨进行保护,提高其抗氧化性。图 4 - 14 为硅化处理后石墨尾料的 XRD 谱图,可见物料由石墨、硅、碳化硅组成。

图 4 - 13　硅化处理后球形尾料表面的 SEM 图

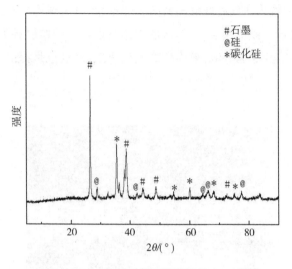

图 4 – 14　硅化处理后石墨尾料的 XRD 谱图

4.4.3　球形石墨尾料磷化处理

天然石墨具有较高的耐温强度,但易氧化,在中、高温应用时受到一定限制。磷酸盐涂层体系具有优异的耐高温、耐化学腐蚀、耐磨损等特点,且其原料来源广泛,成本低廉,在中、高温环境中具有良好的热稳定性,能为天然石墨提供良好的抗氧化保护作用。磷酸盐涂层对碳材料的改性机理主要归因于热处理过程中浸渍磷酸盐的分解、脱水、聚合和结晶,从而堵塞天然石墨的活性位点。球形石墨尾料磷化处理工艺如下。

步骤一:磷源采用磷酸,配制成 1 mol/L 的溶液。

步骤二:将石墨尾料浸入上述溶液中,并采用真空浸渍法浸渍 2 h。

步骤三:对上述物料进行固液分离,分离后滤饼放入烘箱内,排掉水分。

步骤四:将上述干燥后的物料放入压力磨具,压力设置为 3 MPa/cm²,压成圆柱形块体。

步骤五:将上述圆柱形块体放入气氛炉中,氩气保护,热处理温度为 400 ℃,时间为 4 h。

步骤六:待热处理降温后,采用碾压方式对圆柱形块体进行粉碎,即可完成球形尾料的磷化处理。

图 4-15 为磷化处理后球形尾料的表面形貌,可见球形尾料的微片被团聚成花瓣状,这仅是一种特殊形貌,其他形貌还是以石墨颗粒层叠为主,如图中箭头所示,原因是磷酸受热分解,最终生成五氧化二磷,这也是提高石墨抗氧化的直接原因。

图 4-15　磷化处理后球形尾料表面的 SEM 图

图 4-16 为磷化处理后石墨尾料的 XRD 谱图,可见石墨尾料浸入磷酸并热处理后,磷酸分解成五氧化二磷。

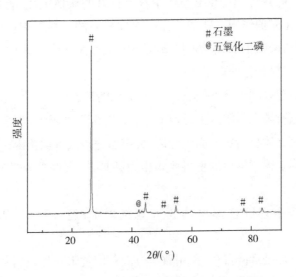

图 4-16　磷化处理后石墨尾料的 XRD 谱图

　　图 4 - 17 为磷化处理后石墨尾料的热重曲线,可见在 828 ℃才出现氧化较高的节点,对比普通石墨,抗氧化温度可提高 200 ℃以上。

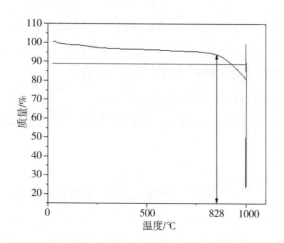

图 4 - 16　磷化处理后石墨尾料的热重曲线

4.4.4　球形石墨尾料氟化处理

　　氟化石墨具有优异的自润滑性和疏水性,在所有固体正极材料中,氟化石墨具有最高的质量比容量,因此目前氟化石墨材料作为正极材料被广泛关注。尽管我国对氟化石墨研究较早,但市场上氟化石墨供应端货少且价格高,因而限制了其开发与应用。国内现有期刊报道表明,可以将石墨与含氟化合物混合,在一定温度热处理下制备氟化石墨,但大多处于研究阶段,且产品性能远低于高温情况下石墨直接与氟气反应生成的氟化石墨。本节提供了一种小规模利用球形石墨尾料合成氟化石墨的方法,为后续科学研究或实际生产提供理论与实际基础。

　　本节采用电化学阳极氧化来制备氟化石墨,具体操作及工艺步骤如下。

　　步骤一:在制备氟化石墨装置的圆形料仓中装入球形石墨尾料,在圆形料仓上方用等直径活塞施以一定压力,使球形石墨尾料与阳极底板紧密接触,并形成与圆形料仓等直径的圆柱块体。

　　步骤二:在圆柱块体上方设置耐酸滤布,要求滤布有限位卡槽,以便滤布对石墨尾料有贴压作用。

步骤三:在上方倒置一定电解液,电解液按照氢氟酸:二氟化铵为 1∶0.7 配比。

步骤四:以不锈钢作为阴极,放置滤布之上,电解液层之下。

步骤五:连接通电,按料仓内圆面积设置电流密度为 3 A/dm²。

步骤六:反应时间按尾料形成圆柱体高度计算。

步骤七:阳极氧化结束后,对其进行固液分离。

步骤八:对上述滤饼进行烘干,然后将其放入压力磨具中,设置压力为 3 MPa/cm²,压成圆柱形块体。

步骤九:将上述圆柱形块体转移至耐高温压力容器中并进行热处理,热处理温度为 300 ℃,热处理 2 h 后,冷却取出物料,即可得到氟化石墨。

图 4 - 18 为氟化处理后球形尾料的表面形貌,在氟化过程中,氟与石墨片层内碳进行键合,形成层间化合物,其插层过程与可膨胀石墨的插层机理相同,不同的是碳与硫酸氢根键合,在热处理过程中迅速分解成三氧化硫、水蒸气等,将层片打开形成石墨"蠕虫",而氟化石墨在热分解时,氟与碳也将被破坏,生成单质氟。图 4 - 18 中箭头所指的石墨的横面,放大后如右上角方框所示,也可以看到层片间被轻微打开的现象。

图 4 - 18 氟化处理后球形尾料表面的 SEM 图

　　图 4 - 19 为氟化处理后石墨尾料的 XRD 谱图,可见,氟化石墨的衍射峰强度较天然鳞片石墨明显变小并且宽化,石墨层间距增加,同时说明晶体结构完整性变低,有向非晶结构转变的趋势。

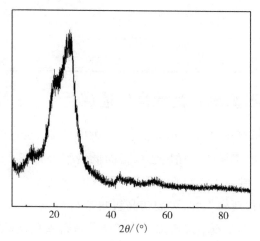

图 4 - 19　氟化处理同石墨尾料的 XRD 谱图

　　表 4 - 13 为氟化处理后球形尾料除碳元素外其他杂质元素含量,可见在氟化过程中硅、铝等杂质元素含量进一步降低,而氮、氟元素含量较高,表明氟化过程进一步提升了球形尾料的纯度,在超级润滑领域将具有更为广阔的应用前景。

表 4 - 13　氟化后石墨尾料杂质元素含量

杂质元素	杂质元素含量/$(\mu g \cdot g^{-1})$
Si	45
Fe	22
Ca	35
Al	25
Ni	0
N	168
Cu	17

续表

杂质元素	杂质元素含量/$(\mu g \cdot g^{-1})$
Co	21
Cr	17
Ti	18
S	19
F	1200

4.4.5 球形石墨尾料其他高价值应用

高纯的球形石墨尾料具备杂质低、粒度细的特点,再经过简单液相粉碎可制备高质量石墨乳;采用化学插层法制备的低倍率可膨胀石墨,再经过电化学氧化或其他手段可制备小片径石墨烯;与固体润滑剂混合,可制成高品质固体润滑油;在其表面包覆磁性物,可制备高级封严材料,也可以利用其表面磁性,与高分子材料复合制备石墨定向排列的高分子基石墨复合材料等,其典型应用产品链如图 4-20 所示。

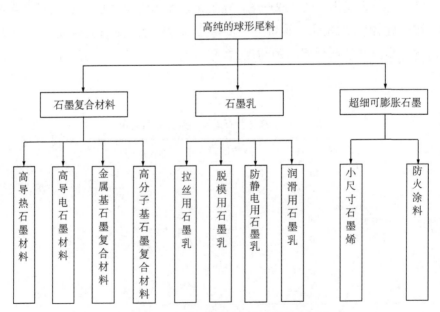

图 4-20 高纯的球形尾料典型应用产品链

4.5　球形石墨及包覆碳化工艺的减耗降碳问题讨论

球形石墨产品等级分类较细,经调研,生产 16～17 μm 级球形石墨,平均单产电耗 760 kWh/t;生产 8～10 μm 级球形石墨,平均单产电耗达到 2800 kWh/t;球形石墨包覆碳化工艺的平均电耗为 3900 kWh/t。

在生产球形石墨方面,工艺流程为决定产品收率、比表面积等的主要指标,设备为辅。其中,在设备方面,我国大多数企业在球化石墨时最常用的就是级联工艺,石墨浓缩物通过 20 多台分级磨组合安装,这种组合缺乏灵活性,不能针对不同的产品粒径做出个性化的设置。在工艺方面,我国少部分公司生产的粒径为 9 μm 的球形石墨产品指标与占比已走在世界前列,收率达到 70% 以上,总体看,国内球形石墨企业普遍存在球形石墨尾料(3～5 μm 的较细鳞片石墨)的再加工利用问题,下一步要推广节能高效的球形石墨生产设备与配套工艺,提高球形石墨收率,尤其在小粒径球形石墨开发与应用方面加大力度。

在包覆碳化形成终端负极材料产品方面,国内企业大多采用隧道炉,设备应该向大型化方面发展,一个石墨园区内的多个小型负极材料生产企业可以合建一条大型碳化隧道炉,也可以由一家企业独资,为其他小型负极材料生产企业提供碳化服务,如此,可有效降低能耗,另外,包覆碳化工艺的装料方式可以进一步优化,如科学设备装料盘的大小、装料厚度等,确保能耗进一步降低。

在上述工艺与技术改进实施节能降碳的同时,鼓励企业自建或共建“源网荷储”项目,通过源源互补、源网协调、网荷互动、网储互动和源荷互动等交互形式,从而更加经济、高效和低碳地推动石墨产业发展。

4.6　结论与展望

通过科学控制球化轮转速、分级轮转速、风量大小、球化时间和给料量等关键生产工艺参数对天然晶质石墨进行粉碎与整形可制备不同粒径的球形石墨产品,产品粒径根据气流涡旋磨的球化次数而决定,整形过程是提高产品振实密度、降低比表面积的有效手段之一,因此合理调整球化与整形工艺可生产高质量的球形石墨。为了提高产品收率,建议企业要生产不同粒径的球形石墨,大力开发 6~8 μm 球形石墨产品。

　　球化后的球形石墨提纯难度高于同等固定碳含量的鳞片石墨,主要原因有两个:一是球化及整形过程中,粉碎盘与齿轮有磨损脱落,在粉碎过程中,磨削与石墨微片相互包裹,本身就具备耐腐蚀的磨削,同时又装备了类"保护罩"的石墨涂层,以稀硫酸作为金属基杂质的浸出液,在一定的反应温度与时间内不足以对磨削进行全部溶解;二是浮选后固定碳含量为95%的晶质石墨表面附着一定的杂质,而在球化过程中,石墨片层对杂质进行二次包覆,这种杂质去除较为困难,实际生产中采用多次提纯的球形石墨也很难达到4N级以上。建议企业推广先纯化后球化的制备工艺,不但确保了振实密度与比表面积的应用要求,而且推动了球形尾料的高价值开发。

　　高纯球形尾料进行表面修饰或改性可拓展其应用领域,有望实现安全化、规模化、高质量化生产氟化石墨,从而实现球形石墨尾料的价值提升。石墨深加工属于高耗能的行业,鼓励企业自建或共建"源网荷储"项目,开发热回收利用系统。

4.7　本章参考文献

[1]荆正强,胡瑞彪. 莫桑比克某球形石墨提纯试验[J]. 现代矿业, 2015, 31(3): 230 – 232.

[2]刘淮亮,张凌燕,邱杨率,等. 沥青炭包覆对球形石墨电化学性能的影响[J]. 矿产综合利用, 2024, 45(1): 181 – 186.

[3]吴海华,张成,钟磊,等. 球形石墨粉末及后处理工艺对SLS石墨原型件的影响[J]. 材料导报, 2021, 35(24): 24047 – 24051.

[4]张法宁. 一氧化硅与球形石墨及其复合材料的制备及性能研究[D]. 哈尔滨:哈尔滨工业大学. 2016.

[5]董永利,王东,宋微娜,等. 碳包覆球形石墨负极材料的合成[J]. 黑龙江大学工程学报, 2016, 7(1): 35 – 40.

[6]刘翀,李哲,解丽萍,等. 淀粉基碳包覆球形石墨的制备[J]. 黑龙江科技大学学报, 2015, 25(4): 371 – 374.

[7]王红强,熊义梅,李庆余,等. 球形活性炭与球形石墨材料在非对称电容器

中的应用[J]. 化工新型材料, 2012, 40(5): 113-115.

[8]简志敏, 刘洪波, 石磊, 等. 微氧化处理对球形石墨结构及电化学行为的影响[J]. 无机材料学报. 2012, 27(2): 151-156.

[9]何宗彦, 高芝晖. 球形石墨微观结构的分形模型[J]. 重庆大学学报(自然科学版), 1993, 16(2): 99-102.

[10]刘盛林. 高能球磨法合成 $Li_4Ti_5O_{12}$ 电池负极材料的研究[D]. 大连: 大连交通大学, 2012.

[11]黄兴华. 电镀铜包球形石墨粉工艺研究[D]. 长沙: 湖南大学, 2011.

[12]田建华, 陈建, 李春林, 等. 用镀铜石墨粉制备碳刷的研究[J]. 四川理工学院学报(自然科学版), 2009, 22(4): 113-116.

[13]刘振刚, 刘宜汉, 罗洪杰, 等. 石墨颗粒表面化学镀铜的工艺及其效果[J]. 材料保护, 2009, 42(5): 20-23.

[14]王坤, 刘逸枫, 张翼, 等. 化学镀铜制备 Cu@MAX 复合颗粒的工艺及性能研究[J]. 广东化工, 2022, 49(10): 14-16.

[15]郑安妮, 金磊, 杨家强, 等. 聚合物材料表面化学镀铜的前处理研究进展[J]. 化学学报, 2022, 80(5): 659-667.

[16]林涛, 史萍萍, 邵慧萍, 等. 化学镀工艺参数对制备铜包钨粉的影响研究[J]. 功能材料, 2014, (13): 13067-13070, 13075.

[17]刘万民, 肖鑫, 易翔, 等. 新型环保型化学镀铜工艺[J]. 材料保护, 2011, 44(9): 40-43, 93.

[18]高嵩, 樊明杰, 王桂萍. 碳纤维表面单脉冲电镀铜[J]. 过程工程学报, 2011, 11(4): 716-720.

[19]刘万民, 肖鑫, 易翔, 等. 新型环保型化学镀铜工艺[J]. 材料保护, 2011, 44(9): 40-43, 93.

[20]卢建红. 基于二元络合剂的化学镀铜与表面自组装技术[D]. 北京: 北京科技大学, 2019.

[21]张肖洒. 碳化硅表面化学覆铜工艺与机理研究[D]. 株洲: 湖南工业大学, 2022.

[22]李源梁. 氮化铝/铜异质过渡液相扩散连接工艺及机理研究[D]. 哈尔滨: 哈尔滨工业大学, 2021.

[23]王运红. 非甲醛还原镀铜制备腈纶导电纤维的研究[D]. 上海：东华大学，2021.

[24]李霞，温丰源. 氟化石墨工艺技术研究[J]. 无机盐工业，2014，46(9)：52-55.

[25]韩秀栋. 氟化石墨/导电聚合物复合材料的制备及其电化学性能研究[D]. 天津：天津大学，2012.

[26]卢嘉春，黄萍，刘志超，等. 氟化石墨红外谱图的量子化学模拟[J]. 光谱实验室，2012，29(6)：3872-3874.

[27]易英，郑志云，黄畴，等. 环氧基氟化石墨耐磨涂料的研究[J]. 润滑与密封，2012，37(2)：34-39.

[28]郑敏侠，辛芳，钟发春. 氟化石墨粒度测试分散条件优化[J]. 中国粉体技术，2011，17(2)：77-79.

[29]罗健，许世海，向硕. 氟化石墨烯的分散性和摩擦学性能研究[J]. 当代化工，2020，49(11)：2472-2476.

[30]李培. 石墨烯/四氧化三铁复合材料的制备及在锂离子电池中的应用研究[D]. 天津：天津大学，2014.

[31]南文争，燕绍九，彭思侃，等. 磷酸铁锂/石墨烯复合材料的合成及电化学性能[J]. 材料工程，2018，46(4)：43-50.

[32]侯孟炎，王珂，董晓丽，等. 石墨烯包覆富锂层状材料的制备及其电化学性能[J]. 电化学，2015，21(3)：195-200.

[33]李方芳，赵灵智. 石墨烯的制备及其在锂电池负极材料中的应用[J]. 电源技术，2013，37(6)：1062-1064.

[34]沈丁，杨绍斌，董伟，等. 石墨烯及其聚合物复合材料在锂离子电池中的应用研究进展[J]. 高分子材料科学与工程，2016，32(9)：184-190.

[35]刘金宝，刘益林，陈言伟，等. Fe_2O_3 与氧化石墨烯复合材料在锂电池中应用研究进展[J]. 现代化工，2016，36(5)：36-39.

[36]田庆华，闫剑锋，郭学益. 化学镀铜的应用与发展概况[J]. 电镀与涂饰，2007，26(4)：38-41.

[37]马立涛，郭忠诚，朱晓云，等. 化学镀铜原理、应用及研究展望[J]. 南方金属，2009(2)：20-23.

[38]崔国峰, 李宁, 黎德育. 化学镀铜在微电子领域中的应用及展望[J]. 电镀与环保, 2003, 23(5): 5 - 7.

[39]罗来马, 谌景波, 王昭程, 等. 塑料表面化学镀铜的生长过程[J]. 材料热处理学报, 2014, 35(S2): 166 - 170.

[40]ZHANG H J, SUN J F. Oxidation and hot corrosion of electrodeposited Ni - 7Cr - 4Al nanocomposite[J]. Transitions of nonferrous Metals of Society of China, 2015, 25(1): 191 - 198.

[41]ZHANG H J, SUN J F. Effect of Y_2O_3 or CeO2 fillers on the oxidation behavior of luminide coatings by low - temperature pack cementation[J]. Rare Metal Materials and Engineering, 2015, 44(11): 2628 - 2632.

[42]ZHANG H J, SUN J F. Fabrication and cyclic oxidation of Y_2O_3/CeO_2 - modified low temperature aluminide coatings[J]. Rare Metal Materials and Engineering 2017, 46(2): 0301 - 0306.

第5章 高质量可膨胀石墨产品
与新型石墨插层技术

膨胀石墨是一种特殊的石墨制品,与传统石墨相比,具有许多独特的性能。首先,膨胀石墨具有可膨胀性,可以通过热处理等方法使其在体积上发生膨胀,从而形成多孔、高孔隙率的结构,有利于材料的吸附和渗透。其次,膨胀石墨还具有较好的可塑性与气密性,可以用于制作气密结构件和密封材料。同时,由于其孔隙结构具有可控性,还可用于制备柔性材料和复合材料。此外,膨胀石墨还保持了石墨的优异性能,如高温耐热性、导电性和润滑性等。综上所述,膨胀石墨在能源、环境、航空航天、电子、化工等领域具有广泛的应用前景,下游产品有100多种。近年来,随着现代电子信息技术的飞跃式发展以及高精密装备的跨越式突破,高纯度、高导热的可膨胀石墨原材料需求量越来越高。

5.1 可膨胀石墨产品技术现状与问题分析

目前,国内大多企业采用硫酸 + 重铬酸钠法生产可膨胀石墨,硫与灰分含量较高,但仅能满足低端产品需求,同时废水中的高价铬离子具有较高的毒性,很多企业因技术欠缺、水处理设施不完善等原因处于减停产状态。少部分企业采用硫酸 + 双氧水法生产可膨胀石墨,有效降低了硫和灰分含量,但存在生产过程中用酸量大、批次产品膨胀倍率不均匀、工艺不好控制、易过氧化等技术难题。具体问题分析如下:在硫酸 + 重铬酸钠法生产可膨胀石墨工艺中,重铬酸钠分解,铬的氧化物最终残留在石墨产品中,如图 5 – 1 石墨鳞片上凸起的斑点所示,从而灰分含量较高以固定碳含量为 99% 的天然鳞片石墨为例,采用硫酸 + 重铬酸钠法制备的可膨胀石墨,最终灰分含量可达到 2% 左右,并且在清洗过程中,硫酸与金属氧化剂生成的硫酸盐也较难去除,所以此工艺较难得到低硫、低灰分的高质量可膨胀石墨产品。当以此种产品作为密封材料时,残留的硫酸根会腐蚀设备密封部分,因此,仅能应用于普通机械密封;在生产高导热超薄石墨纸时,较高的灰分含量不但降低了其导热率,而且降低了石墨纸的拉伸强度。部分企业采用氢氟酸法对硫酸＋重铬酸钠法生产的可膨胀石墨进行提纯,尽管降低了灰分和硫的含量,但产品中残留了氟离子,同时,用氢氟酸提纯可膨胀石墨后,通常可膨胀石墨在热处理变成"蠕虫"石墨时,会有部分石墨微片被剥离,影响其可塑性。

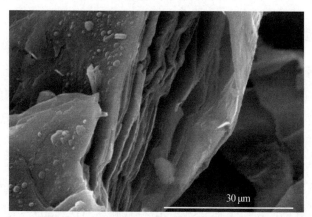

图 5-1　采用硫酸＋重铬酸钠法制备可膨胀石墨残留的金属氧化物痕迹

　　由于硫酸＋重铬酸钠法生产可膨胀石墨工艺简单、易操作,成为国内企业生产工艺的主流,而对环境影响相对温和的硫酸＋双氧水法制备可膨胀石墨工艺,由于对环境要求比较苛刻,目前国内仅有少部分企业采用此工艺。与硫酸＋重铬酸钠法相比,硫酸＋双氧水法的缺点是在目前技术水平下,以 100 目鳞片石墨为例,膨胀倍率通常在 150 mL/g 左右,远低于硫酸＋重铬酸钠法,且操作控制较严;优点是无固体金属氧化剂参与反应,不会影响最终产品的灰分含量,同时硫含量相对较低。综上所述,目前迫切要求开发一种新型可膨胀石墨制备技术,或对硫酸＋双氧水法进行改进,提高其膨胀倍率、降低硫酸用量,同时易操作,实现规模化生产。

5.2 新型可膨胀石墨制备工艺

5.2.1 改进硫酸＋双氧水法可膨胀石墨制备工艺

目前采用硫酸＋双氧水法制备可膨胀石墨的企业较少,其主要原因是批次产品不稳定,并且很难制备高膨胀倍率的可膨胀石墨,但双氧水的优点是金属杂质无残留,同时产品市场价格通常高于硫酸＋重铬酸钠法制备的可膨胀石墨,因此研究新型硫酸＋双氧水法制备可膨胀石墨具有重要的意义。

5.2.1.1 硫酸＋双氧水法制备可膨胀石墨装置研发

本书自制了一种硫酸＋双氧水法制备可膨胀石墨的反应装置,为了解决现有利用硫酸＋双氧水法制备可膨胀石墨时酸的用量大且不易控制的问题,本反应装置包括搅拌单元、冷却单元和加压单元。冷却单元设置在搅拌单元的一侧,且冷却单元的冷却液输入端与搅拌单元的进液端连通,冷却单元的冷却液回流端与搅拌单元的出液端连通,加压单元设置在搅拌单元的另一侧,加压单元的气体输出端与搅拌单元的气体输入端连通。搅拌单元包括电机、搅拌机壳体、顶盖、进料管、进气管、主轴支撑套、出料管和双向搅拌组件。电机设置在搅拌机壳体一端的外侧,搅拌机壳体一端外壁上固接电机支架,电机安装在电机支架上,且电机的动力输出轴朝向搅拌机壳体。主轴支撑套设置在搅拌机壳体另一端的外侧,搅拌机壳体另一端外壁上设有连接块,连接块与搅拌机壳体一体成型设置。主轴支撑套固接在连接块上,且轴线与电机中动力输出轴的轴线共线设置。双向搅拌组件设置在搅拌机壳体中,且双向搅拌组件的一端延伸至搅拌机壳体的外部并通过联轴器与电机中的动力输出轴相连,另一端延伸至搅拌机壳体的外部并插设在主轴支撑套中。

双向搅拌螺旋带组包括反向螺旋带和正向螺旋带,反向螺旋带和正向螺旋带均设置在主轴的外圆面上,且反向螺旋带和正向螺旋带相对错位设置,反向螺旋带和正向螺旋带均与主轴拆卸连接。冷却单元包括冷却液输入管道、冷却液回流管道和冷却液制冷器,冷却液制冷器设置在搅拌机壳体的一侧,冷却液输入管道的进液端与冷却液制冷器的出液端连通,冷却液输入管道的出液端与搅拌机壳体中冷却液循环间隙的进液端连通,冷却液回流管道的进液端与搅拌机壳体中冷却液循环间隙的出液端连通,冷却液回流管道的出液端与冷却液制冷器的进液端连通。加压单元包括压缩空气管道和空气压缩机,空气压缩机设置在搅拌机壳体的一侧,压缩空气管道的一端与空气压缩机的气体输出端连通,另一端与进气管的顶端连通。顶盖的内部有空腔,顶盖的底部设有多个喷淋头,每个喷淋头的进水端与顶盖内的空腔连通,每个喷淋头的出水端朝向搅拌机壳体内部。顶盖的顶部装有清洗管,清洗管的底端与顶盖内的空腔连通,清洗管的顶端与外部冲洗水箱连通。搅拌机壳体的内侧喷涂聚四氟乙烯涂料,搅拌机壳体的外侧喷涂高性能防腐涂料。主轴、反向螺旋带和正向螺旋带的外表面均喷涂聚四氟乙烯涂料。图 5 - 2 为自制反应装置的结构示意图,图 5 - 3 为自制反应装置中搅拌机壳体的侧视示意图。

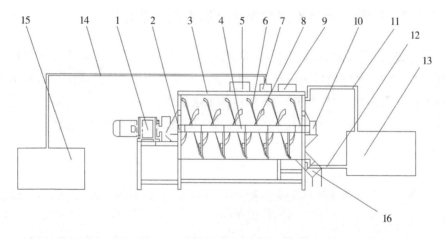

1—电机;2—搅拌机壳体;3—顶盖;4—主轴;5—进料管;6—反向螺旋带;
7—进气管;8—正向螺旋带;9—清洗管;10—主轴支撑套;11—冷却液输入管道;
12—冷却液回流管道;13—冷却液制冷器;14—压缩空气管道;15—空气压缩机;
16—出料管。

图 5 - 2　自制反应装置的结构示意图

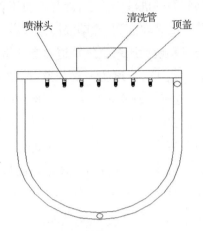

图 5 - 3　自制反应装置中搅拌机壳体的侧视示意图

5.2.1.2　硫酸 + 双氧水法制备可膨胀石墨工艺设定

原料采用固定碳含量为 99.93% 的晶质石墨,插层剂采用质量百分比为 95% 的浓硫酸,氧化剂采用质量百分比为 30% 的双氧水,石墨、硫酸、双氧水按质量百分比为 1:1.8:0.1 实施,具体操作方法如下。

步骤一:打开冷却单元中的冷却液输入管道的压力泵和限流阀,使温度为 -20 ℃ 左右的冷却液进入搅拌机壳体的循环间隙中,对搅拌机壳体进行预冷降温。

步骤二:待搅拌机壳体的温度降至目标温度后,打开搅拌单元,调节主轴的转动速度,转速设置为 60 ~ 80 r/min 即可。

步骤三:待搅拌转速调节完毕,打开进料管上的限流阀,使石墨、硫酸和双氧水按比例进入搅拌机壳体。

步骤四:待石墨、硫酸和双氧水按比例进入搅拌机壳体后,关闭进料管上的限流阀,同时打开空气压缩机,通过进气管对反应器进行加压,确保反应过程中压力维持在 0.1 ~ 0.5 MPa,反应时间为 30 ~ 60 min,此过程中冷却液回流管道与冷却液输入管道同时工作,使搅拌机壳体中的冷却液产生循环,保证搅拌机壳体的温度始终保持在 -20 ℃ 左右。

步骤五:反应结束后关闭加压系统,待压力为常压时,打开出料管上的限流阀,待出料结束后,打开清洗管与外部冲洗水箱之间的串联压力泵,使水沿导管进入清洗管中,并通过多个喷淋头对搅拌机壳体内壁进行清洗,水压为 $0.08 \sim 0.10$ MPa,冲刷残留反应后的可膨胀石墨。

步骤六:待冲洗完毕后,将清洗水通过出料管排出并控干反应器,关闭出料口,循环上述几个步骤,实现高效生产。

5.2.1.3　新型硫酸 + 双氧水法制备可膨胀石墨实验结果分析与讨论

产品的最终测试结果如表 5 - 1 所示,硫酸 + 双氧水法制备的可膨胀石墨对膨胀后最终产品灰分含量无影响,在插层过程中,对鳞片产生些许破坏,100 目筛上占比由 89% 下降至 85% ,同时堆密度降低,从原料的 0.50 g/cm³ 下降至 0.29 g/cm³,但从膨胀倍率分析,可膨胀石墨的膨胀倍率高达 280 mL/g,其效果远高于目前国内市场硫酸 + 重铬酸钠法制备的可膨胀石墨。原料为 100 kg,最后插层制备的可膨胀石墨为 125 kg,增重 25% 。

表 5 - 1　新型硫酸 + 双氧水法制备可膨胀石墨的测试结果

产品种类	膨胀后灰分含量/%	堆密度/(g·cm⁻³)	100 目筛上占比/%	质量/kg	膨胀倍率/(mL·g⁻¹)
原料	0.3	0.50	89	100	0
可膨胀石墨	0.3	0.29	85	125	280

堆密度越小,证明所制备的可膨胀石墨过氧化造成的微膨胀越严重,从而使表面变黑,同时鳞片石墨在过氧化过程中将有细小片层剥落,如图 5 - 4 箭头所示。可膨胀石墨除了膨胀倍率、灰分含量等为其主要指标外,堆密度与破损率也是影响可膨胀石墨价格的重要因素。过氧化造成堆密度过低可能有两种原因:一是反应温度过高;二是氧化插层液的氧化性过强。

（a）

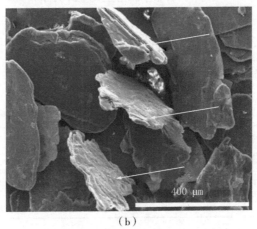

（b）

图5-4　插层前后石墨的 SEM 图

（a）氧化插层前；（b）氧化插层后

接下来验证循环冷却温度对此工艺条件下可膨胀石墨指标参数的影响，上述循环冷却温度为-20 ℃，本节将在-30 ℃、-10 ℃、0 ℃、10 ℃四种循环冷却温度条件下与-20 ℃对比，对比结果如表5-2所示。

循环温度在-10 ℃以下时，随着温度降低膨胀倍率升高，其原因可能是双氧水在体系中分解较慢，对石墨进行有效氧化，插层时间与过程较长，可有效提高膨胀倍率，另外，膨胀倍率与可膨胀石墨最后增重成正比关系，100目筛上占比变化不大。综上所述，循环冷却温度对可膨胀石墨膨胀倍率产生较大影响，

最佳反应温度为 −20 ~ −30 ℃。

表 5−2　不同循环冷却温度对可膨胀石墨的影响

循环冷却温度/℃	膨胀后灰分含量/%	堆密度/（g·cm⁻³）	100 目筛上占比/%	增重/%	膨胀倍率/（mL·g⁻¹）
10	0.3	0.22	75	12	150
0	0.3	0.26	77	18	170
−10	0.3	0.28	79	21	260
−20	0.3	0.29	80	25	280
−30	0.3	0.32	80	27	300

为了更加适应市场需求和进一步降低成本，可以在上述工艺的基础上降低溶液的氧化性，在适当降低膨胀倍率的同时，提高其堆密度和 100 目筛上占比。降低溶液的氧化性通常有两种手段，一是降低双氧水用量，二是在溶液中提高石墨的占比，可以理解为用更多的石墨鳞片参与反应，从而降低其氧化性。据以上分析，本书选择提高石墨在溶液中的占比，将石墨、硫酸、双氧水按质量比为（1.00 ~ 1.20）∶1.8∶0.1 实施，循环冷却温度设定为 −20 ℃，其他参数不变，与石墨、硫酸、双氧水按质量比为 1.00∶1.8∶0.1 相比较，具体结果如表 5−3 所示。

表 5−3　不同石墨用量对实验结果的影响

石墨与硫酸、双氧水质量比	膨胀后灰分含量/%	堆密度/（g·cm⁻³）	100 目筛上占比/%	增重/%	膨胀倍率/（mL·g⁻¹）
1.00∶1.8∶0.1	0.3	0.29	80	25	280
1.05∶1.8∶0.1	0.3	0.31	83	22	240
1.10∶1.8∶0.1	0.3	0.40	85	18	220
1.15∶1.8∶0.1	0.3	0.41	85	16	180
1.20∶1.8∶0.1	0.3	0.42	85	15	150

由表 5−3 实验结果可以看出，随着石墨在溶液中占比逐步增加，膨胀倍率

逐渐降低,说明调节石墨占比可有效调节整个体系的氧化程度,在降低氧化程度的同时,堆密度逐渐升高。当石墨、硫酸、双氧水按质量比为 1.10∶1.8∶0.1 时,此时膨胀倍率为 220 mL/g,其外观如图 5−5(a)所示,与石墨、硫酸、双氧水按质量比为 1.00∶1.8∶0.1[图 5−3(b)]相比,可膨胀石墨整体外观具备金属光泽,品相较好。

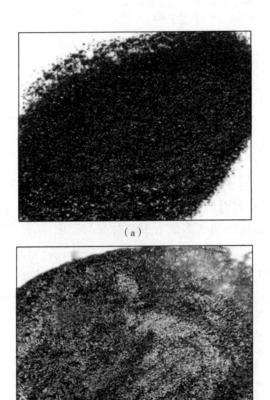

(a)

(b)

(a)石墨、硫酸、双氧水按质量比为 1.00∶1.8∶0.1;
(b)石墨、硫酸、双氧水按质量比为 1.10∶1.8∶0.1

图 5−5　不同固液比制备的可膨胀石墨外观形貌

图 5−6 分别为两种产品横截面的 SEM 图,从图 5−6(a)中明显看出片层出现较大的距离,堆密度变低也可由此充分证明。

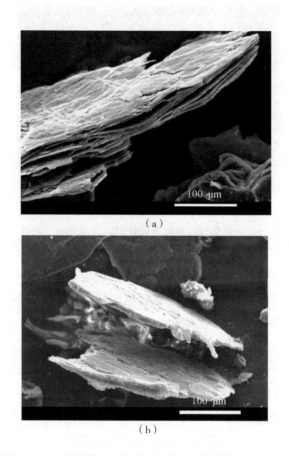

（a）

（b）

图 5 - 6　不同固液比制备的可膨胀石墨横截面的 SEM 图

（a）石墨、硫酸、双氧水按质量比为 1.00∶1.8∶0.1；

（b）石墨、硫酸、双氧水按质量比为 1.10∶1.8∶0.1

　　当石墨、硫酸、双氧水按质量比为 1.15∶1.8∶0.1 时，整个反应体系较为黏稠，同时可膨胀石墨经高温处理，部分石墨体积尚未增加，图 5 - 7 中箭头所示的白点较多，行业中俗称出现"死虫"，产品不符合行业标准，当石墨、硫酸、双氧水按质量比为 1.20∶1.8∶0.1 时，"死虫"率进一步增加。

图 5 – 7   石墨、硫酸、双氧水按质量比为 1.15:1.8:0.1 制备的
可膨胀石墨经高温处理的 SEM 图

　　实验结果表明,采用新型硫酸 + 双氧水法制备可膨胀石墨,反应温度对其产品质量起着重要影响,但温度存在一定的区间,整个体系氧化性的调节也较为容易,只有查清最终影响膨胀倍率、堆密度等的关键因素,才能助力推动此种可膨胀石墨生产工艺的广泛普及与应用。目前国内可膨胀石墨生产企业尚未应用反应过程中的压力辅助,从理论上讲,在一定温度体系中,一定的压力可有效减慢双氧水的分解,维持其较长时间对石墨进行氧化插层。在一定压力下,硫酸与石墨片层内的 C—HSO₄ 结合起着一定的推动作用。为了验证上述推断,设定反应温度为 – 20 ℃,石墨、硫酸、双氧水按质量比为 1.10:1.8:0.1,在不同压力情况下进行实验,其结果如表 5 – 4 所示。在不附加压力的情况下,膨胀倍率仅为 80 mL/g,可见压力对产品性能影响较大。从膨胀后残留的灰分含量看,在最初随压力升高阶段,灰分含量降低,这也验证了本书第 3 章石墨提纯在一定压力下,杂质浸出率提高的结论。当压力升高至 0.2 MPa 时,产品达到了最佳状态,进一步提高压力产品的膨胀倍率、堆密度、灰分含量等结果不变,说明附加一定压力对膨胀倍率等起着正向作用,但压力过大时可能产生能耗增加等负面影响,因此本书最终确定的最佳压力为 0.2 MPa。

表 5-4　不同压力对实验结果的影响

压力/MPa	膨胀后灰分含量/%	堆密度/$(g \cdot cm^{-3})$	100 目筛上占比/%	增重/%	膨胀倍率/$(mL \cdot g^{-1})$
0	0.4	0.44	87	13	80
0.1	0.4	0.41	86	17	160
0.2	0.3	0.40	85	18	220
0.3	0.3	0.40	85	18	220
0.4	0.3	0.40	85	18	220
0.5	0.3	0.40	85	18	220

本章自制的反应装置变传统反应釜为卧式双螺旋搅拌,此双螺旋搅拌可解决黏稠体系的均匀混料问题,只有在体系中均匀搅拌,最终可膨胀石墨才能更趋向同粒径石墨膨胀倍率相对相等。过快的搅拌速度可能会引起石墨片层的剥落与损坏,表 5-5 是设定反应温度为 -20 ℃,石墨、硫酸、双氧水按质量比为 1.10∶1.8∶0.1,压力为 0.2 MPa,不同搅拌速度条件下的实验结果。

由表 5-5 实验结果可以看出,搅拌速度为 50 r/min 时,膨胀倍率为 180 mL/g,堆密度为 0.40 g/cm³,100 目筛上占比为 84%,当转速为 70 r/min 时,膨胀倍率为 220 mL/g,堆密度为 0.40 g/cm³,100 目筛上比为 85%,搅拌速度过低时,反应大量放热,过低的搅拌速度不能使体系迅速降温,局部温度过高,导致石墨片层剥落、双氧水快速分解。当转速超过 80 r/min,尽管膨胀倍率仅增加 10 mL/g 左右,但堆密度与 100 目筛上占比都有下降趋势。综合考虑,在本工艺条件下,最佳的搅拌速度为 70~80 r/min。

表 5-5　不同搅拌速度对实验结果的影响

搅拌速度/$(r \cdot min^{-1})$	膨胀后灰分含量/%	堆密度/$(g \cdot cm^{-3})$	100 目筛上占比/%	增重/%	膨胀倍率/$(mL \cdot g^{-1})$
50	0.3	0.40	84	17	180
60	0.3	0.41	85	18	200
70	0.3	0.40	85	18	220
80	0.3	0.40	85	18	220

续表

搅拌速度/ （r·min⁻¹）	膨胀后灰分 含量/%	堆密度/ （g·cm⁻³）	100目筛 上占比/%	增重/%	膨胀倍率/ （mL·g⁻¹）
90	0.3	0.39	84	18	220
100	0.3	0.39	84	18	230
110	0.3	0.38	83	18	230

5.2.2　电化学法生产可膨胀石墨设备与工艺

5.2.2.1　电化学法生产可膨胀石墨装置设计

本节自制的电化学生产可膨胀石墨装置是以本书第 2 章中石墨擦洗设备为基础,再对其进行改进并连接直流电源的正负极而成,具体工艺如下。

步骤一:将擦洗设备 U 形壳体中间内侧铺设的砂纸改为滤布,防止石墨与作为阴极的壳体直接接触,滤布为耐强酸材质。

步骤二:把壳体两端的 U 形挡板材质改为绝缘材质。

步骤三:将主轴与电机连接部分用绝缘法兰连接。

步骤四:将直流电源正极接在主轴支撑套上。

步骤五:将直流电源负极接在壳体中间外部。

以上便为自制的双螺旋搅拌式电化学法生产可膨胀石墨的简易装置,具体结构如图 5 - 8 所示。

图 5 - 8　自制电化学法生产可膨胀石墨装置

5.2.2.2　电化学法生产可膨胀石墨工艺设定

原料采用固定碳含量为 99.93% 的晶质石墨,插层剂采用质量百分比为 95% 的浓硫酸,石墨、硫酸按质量比为 1∶1.8 实施,具体操作方法如下。

步骤一:打开冷却单元中的冷却液输入管道的压力泵和限流阀,使温度为 −20 ℃ 左右的冷却液进入搅拌机壳体的循环间隙中,对搅拌机壳体进行预冷降温。

步骤二:待搅拌机壳体的温度降至目标温度后,打开搅拌单元,调节主轴的转动速度,设置为 60 ~ 80 r/min 即可。

步骤三:待搅拌转速调节完毕,打开进料管上的限流阀,将定量石墨转移至反应装置。

步骤四:缓慢加入定量硫酸,并使冷却液产生循环保证搅拌机壳体的温度始终保持在 −20 ℃ 左右。

步骤五:以 3 A/dm^2 的电流密度接通电流,正极接主轴,负极接 U 形槽中间部分,反应时间为 1 ~ 4 h。反应结束后,打开出料管上的限流阀,待出料结束后,打开清洗管与外部冲洗水箱之间的串联压力泵,使水沿导管进入清洗管中,并通过多个喷淋头对搅拌机壳体内壁进行清洗,水压为 0.08 ~ 0.10 MPa,冲刷残留反应后的可膨胀石墨。

步骤六:待冲洗完毕后,将清洗水通过出料管排出并控干反应器,关闭出料口,循环上述几个步骤,实现高效生产。

5.2.2.3　电化学法生产可膨胀石墨结果与讨论

在上述设备与工艺条件下,不同电化学反应时间制备的可膨胀石墨测试结果如表 5 − 6 所示。随着时间的延长,堆密度逐渐下降,这可能是过氧化引起的。

表 5 - 6　不同电化学反应时间制备的可膨胀石墨的测试结果

反应时间/h	膨胀后灰分含量/%	堆密度/($g \cdot cm^{-3}$)	100 目筛上占比/%	增重/%	膨胀倍率/($mL \cdot g^{-1}$)
1	0.3	0.44	88	7	50
2	0.4	0.35	81	15	150
3	0.5	0.27	80	20	230
4	0.5	0.22	75	18	170

图 5 - 9 为不同电化学反应时间制备的可膨胀石墨颗粒截面的 SEM 图,可以明显看出随着电化学时间的延长,石墨片层间距逐渐增加,100 目筛上占比降低也是由于在过氧化过程中,石墨片层被剥离脱落导致。

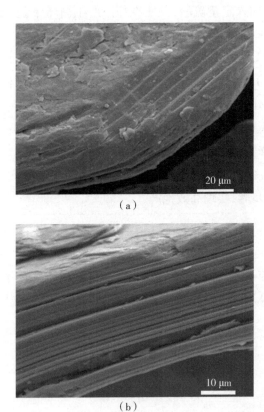

（a）

（b）

图5-9　不同电化学反应时间制备的可膨胀石墨颗粒截面的SEM图

(a)1 h;(b)2 h;(c)3 h;(d)4 h

随着电化学反应时间延长,膨胀倍率先增加,3 h后达到最高点230 mL/g,而4 h后膨胀倍率下降,推测是C—HSO₄在受热时剧烈分解,当片层之间距离过大时,分解时的气体在过大的空间内向四周推动力有限,尚未积攒成巨大合力。当片层之间距离适合时,分解的气体在有限的空间形成向外的巨大推力,打开石墨片层,从而形成石墨"蠕虫"。图5-10(a)为经过4 h电化学反应制备的可膨胀石墨在900 ℃热膨胀后的SEM图,可见方框内石墨片层没有充分打开。图5-10(b)为经过3 h电化学反应制备的可膨胀石墨在900 ℃热膨胀后的SEM

图,可见表面出现均匀的"蜂窝"状空隙,与有较高膨胀倍率的实验结果相符。

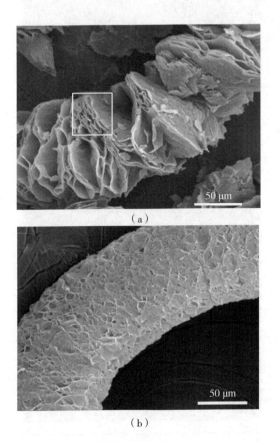

（a）

（b）

图 5-10　不同电化学反应时间制备的可膨胀石墨在 900 ℃热膨胀后的 SEM 图

(a)4 h;(b)3 h

5.2.3　制备可膨胀石墨的清洗工艺与废水处理方案

上述新型硫酸+双氧水法及电化学法制备可膨胀石墨使用的全部为浓硫酸,在清洗过程中要注意浓硫酸遇水的放热问题。在氧化插层反应后物料进入清洗罐时,罐内最佳存水量为石墨的 10 倍左右,此部分废水中硫酸浓度约为15%,此部分废水经过简单处理后,可为石墨纯化工艺提供金属基杂质浸出液。上述两种方法制备可膨胀石墨,在清洗过程除第一步需要 10 倍清水稀释外,还需要 10 倍左右清水对其进行洗涤,为了减少可膨胀石墨制备过程中的清水用量,可采用淡废水洗浓废水的方式,在此工艺下,清洗除稀释外,还需补加 4 t 左右的清水。向最终淡废水中加入过量氢氧化钙,反应后进行压滤,压滤后的水可作为普通可膨胀石墨的清洗用水。综上所述,在此工艺条件下,废水实现了循环利用与综合处理。

5.3　新型可膨胀石墨产品再提高工艺与方案

5.3.1　低灰可膨胀石墨产品

可膨胀石墨经热处理,其灰分含量小于 1%,产品制备工艺与方案一如下。

步骤一:采用固定碳含量为 95% 的石墨作为原料进行碱熔处理。

步骤二:对上述碱熔后的石墨进行清洗,清洗至 pH 值小于 8 后进行烘干。

步骤三:对上述烘干的石墨采用新型硫酸 + 双氧水法进行氧化插层。

步骤四:将氧化插层后的石墨转移至清洗罐,清洗罐中水量不低于石墨的 10 倍。

步骤五:对清洗罐中的石墨搅拌 8 h。

步骤六:对上述物料进行固液分离,清洗滤饼至 pH 值大于 4 后进行烘干,烘干盘为非金属材料,烘干温度为 150～200 ℃。

以上工艺即可生产灰分含量小于 1% 的产品,技术特点与创新点是石墨原料仅需做碱熔处理,减少了酸浸过程,从而降低了生产成本,同时缩短了工艺流程。

可膨胀石墨经热处理,其灰分含量小于 1%,产品制备工艺与方案二如下。

步骤一:采用浮选后固定碳含量为 95% 的石墨作为原料。

步骤二:对上述石墨原料采用新型硫酸 + 双氧水法进行氧化插层。

步骤三:将氧化插层后的石墨转移至清洗罐,清洗罐中水量不低于石墨的 10 倍。

步骤四:对清洗罐中的石墨搅拌 8 h。

步骤五:对上述物料进行固液分离,清洗滤饼至 pH 值大于 4。

步骤六:将上述滤饼按石墨原料与氢氧化钠质量比为 1:1 进行混合。

步骤七：将上述物料转移至高压反应釜，设置反应温度为 220 ℃，反应时间为 8 h。

步骤八：将上述物料清洗至 pH 值大于 4。

步骤九：将上述滤饼进行烘干，烘干盘为非金属材料，烘干温度为 150 ～ 200 ℃。

以上工艺即可生产灰分含量小于 1% 的产品，技术特点与创新点是对可膨胀石墨进行提纯且无氢氟酸参与，对环境相对友好，同时可膨胀石墨产品为碱性，适用于聚氨酯/可膨胀石墨阻燃产品的制备。

5.3.2　超低灰、低硫可膨胀石墨产品

可膨胀石墨经热处理，其灰分含量小于 0.05%、硫含量小于 2.00%，产品制备工艺与方案如下。

步骤一：采用碱熔除硅联合酸浸工艺，以固定碳含量为 99.97% 的石墨为原料。

步骤二：对上述石墨采用新型硫酸 + 双氧水法进行氧化插层。

步骤三：将氧化插层后的石墨转移至清洗罐，清洗罐中水量不低于石墨的 10 倍，本工艺中清洗水采用工业三级纯水。

步骤四：对清洗罐中的石墨搅拌 8 h。

步骤五：对上述物料进行固液分离，采用工业三级纯水清洗滤饼至 pH 值大于 4 后进行烘干，烘干盘为非金属材料，烘干温度为 150 ～ 200 ℃，烘干通风系统要进行除尘。

以上工艺即可生产灰分含量小于 0.05%、硫含量小于 0.2% 的产品，技术特点与创新点是可膨胀石墨氧化插层及清洗、烘干过程无二次杂质污染，可生产高质量超低灰可膨胀石墨及膨胀石墨制品。

5.3.3　低硫、抗氧化可膨胀石墨产品

可膨胀石墨经热处理，其硫含量小于 200%、耐 500 ℃ 氧化，产品制备工艺与方案如下。

步骤一：采用碱熔除硅联合酸浸工艺，以固定碳含量为 99.97% 的石墨作为原料。

步骤二:以新型硫酸 + 双氧水法进行氧化插层为基础,调节氧化插层液配方,即石墨、硫酸、双氧水、磷酸按质量比为 1:1.8:0.1:0.1 实施。

步骤三:将氧化插层后的石墨转移至清洗罐,清洗罐中水量不低于石墨的 10 倍,本工艺中清洗水采用工业三级纯水。

步骤四:对清洗罐中的石墨搅拌 8 h。

步骤五:对上述物料进行固液分离,采用工业三级纯水清洗滤饼至 pH 值大于 4 后进行烘干,烘干盘为非金属材料,烘干温度为 150 ~ 200 ℃,烘干通风系统要进行除尘。

以上工艺即可生产硫含量小于 0.2% 的产品,技术特点与创新点是可膨胀石墨氧化插层加入磷酸,可膨胀石墨在热膨胀过程中,磷酸发生分解形成五氧化二磷,比普通石墨抗氧化温度提高了 200 ℃左右,可有效提高膨胀石墨产品的抗氧化性。

5.3.4　超高膨胀倍率石墨烯前驱体可膨胀石墨产品

采用化学 + 电化学联合工艺,具体工艺与方案如下。

步骤一:采用碱熔除硅联合酸浸工艺,以固定碳含量为 95% 的石墨作为原料。

步骤二:以新型硫酸 + 双氧水法进行氧化插层为基础,调节氧化插层液配方,即石墨、硫酸、双氧水按质量比为 0.6:1.8:0.1 实施。

步骤三:反应 30 min 后,将上述物料转移至自制可膨胀装置中。

步骤四:以 1 A/dm² 的电流密度接通电流,正极接主轴,负极接 U 形槽中间部分,反应时间为 3 h。

步骤五:将物料转移至清洗罐,清洗罐中水量不低于石墨的 10 倍,本工艺中清洗水采用工业三级纯水。

步骤六:对上述物料进行固液分离,采用工业三级纯水清洗滤饼至 pH 值大于 4 后进行烘干,烘干盘为非金属材料,烘干温度为 50 ~ 70 ℃,烘干通风系统要进行除尘。

以上工艺即可生产膨胀倍率为 500 mL/g 的可膨胀石墨,如图 5 - 12 所示,可见片层之间的距离较大。技术特点与创新点是可膨胀石墨氧化插层是化学与电化学双联合的过程,另外,产品烘干后的密封处理是关键技术,对最终的膨胀倍率有较大影响。在此条件下制备的膨胀石墨"蠕虫",层片间打开良好,可在超声、高压搅拌、水系碰撞等条件下制备多层石墨烯。

图 5 – 12　超高倍率可膨胀石墨的 SEM 图

5.3.5　超细可膨胀石墨产品

众所周知,在相同工艺下,可膨胀石墨的膨胀倍率随石墨原料片径增加而增加,在本书自制硫酸 + 双氧水反应装置下,最佳的反应温度是 – 20 ℃,石墨、硫酸、双氧水按质量比为 1. 10∶1. 8∶0. 1,压力为 0. 2 MPa,搅拌速度为 70 ~ 80 r/min,在此条件下制备的不同片径的可膨胀石墨的膨胀倍率如图5 – 13 所示。

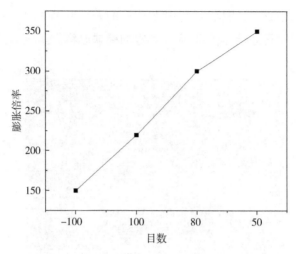

图 5 - 13　不同片径可膨胀石墨的膨胀倍率

本节主要开发一种生产球形石墨时超细尾料的可膨胀石墨生产技术,其尺寸平均为 5 μm,堆密度仅为 0.172 g/cm³,如果制备此种超细粒径的可膨胀石墨产品,氧化插层溶液用量要远超大尺寸鳞片石墨,按其堆密度对比计算,氧化插层溶液用量要提高 2.6 倍,又因其片径较小,氧化剂的用量要适当减少,并且氧化插层时间一定要严格控制,防止引起过氧化,甚至片层脱落,具体工艺与方案如下。

步骤一:采用高纯球形尾料作为原料。

步骤二:以硫酸 + 双氧水法进行氧化插层为基础,调节氧化插层液配方,即石墨、硫酸、双氧水按质量比为 0.3∶1.8∶0.8 实施。

步骤三:上述物料均匀反应 10 min 后,按石墨质量计算加入 10% 乙酸。

步骤四:对上述物料继续低温搅拌反应 10 min,停止反应。

步骤五:将上述氧化插层后的石墨转移至清洗罐,清洗罐中水量不低于石墨的 10 倍。

步骤六:对清洗罐中的石墨搅拌 8 h。

步骤七:对上述物料进行固液分离,清洗滤饼至 pH 值大于 4 后进行烘干,烘干盘为非金属材料,烘干温度低于 80 ℃。

以上工艺即可生产超细可膨胀石墨产品,技术特点与创新点是可膨胀石墨氧化插层反应一段时间后加入乙酸,可膨胀石墨在较低温度下即可膨胀,可有效提高超细可膨胀石墨的膨胀倍率,热膨胀后的表面形貌如图5-14所示,此种产品是制备小尺寸石墨烯、高级防火涂料等的稀缺原料。

图5-14　超细球形尾料制备可膨胀石墨热膨胀后的表面形貌

5.4　可膨胀石墨及其产品典型应用

可膨胀石墨典型应用产品链如图5-15所示,可膨胀石墨在热膨胀后,根据其可塑性,碾压形成石墨板材,再与金属层复合可制备密封材料;碾压形成20 μm左右的石墨纸,涂覆导热绝缘硅胶,可制备电子元件的散热材料;与铜、铝复合可制备导电材料;同时膨胀石墨"蠕虫"具有较大的比表面积,可有效吸附油和有机染料等。

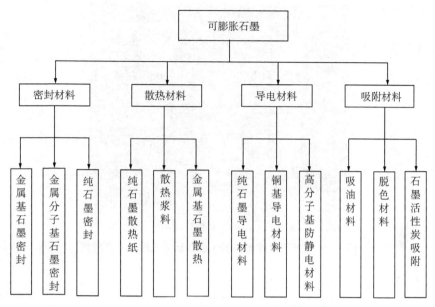

图 5 - 15　可膨胀石墨典型应用产品链

可膨胀石墨应用于吸附材料中,尤其是吸附油或吸附有机染料时,常在液相中使用,尽管可膨胀石墨表现出优异的吸附性能,但吸附后膨胀石墨粉体回收较为麻烦。本节提供一种可膨胀石墨粉体与磁性四氧化三铁复合工艺,当可膨胀石墨完成吸附净化工作时,可通过磁场对其进行回收,具体工艺与方案如下。

步骤一:对可膨胀石墨进行热膨胀处理,温度为 900 ℃,热处理时间为 30 s。

步骤二:将上述膨胀后的“蠕虫”石墨、水、氯化铁、乙醇按质量比为 1:100:0.5:10 混合。

步骤三:调节上述溶液 pH 值在 8 ~ 9 之间。

步骤四:将上述物料转移至带搅拌的高压反应釜内,装料容积为反应釜的 80% 左右。

步骤五:设定反应温度为 180 ℃,反应时间为 8 h。

步骤六:反应结束后对上述物料进行清洗,清洗后进行干燥处理,即可得磁性可膨胀石墨吸附材料,如图 5 - 16 所示。

图 5－16　新型可膨胀石墨负载四氧化三铁可吸附材料

5.5　结论与展望

　　本章提出的新型硫酸＋双氧水法与电化学法制备可膨胀石墨工艺都互有优缺点。新型硫酸＋双氧水工艺的优点是对周围环境相对友好、用酸量较低、双氧水作为氧化剂无二次污染、可制备低硫低灰可膨胀石墨产品；缺点是对环境要求较高，随季节变化，配方要适当调整，全反应过程需降温处理，在偶然停电等情况下，批次料将面临过氧化产品质量下降风险。电化学工艺优点是适当调节双螺旋带与阴极滤布的距离，并调节适合的搅拌速度及固液比等参数，可有效解决氧化不均匀的问题；缺点是主轴与双螺旋带容易氧化，造成生产过程稳电流情况下电压变化较大，同时阳极不锈钢材料缓慢氧化并溶解在石墨当中。综上所述，本书提出的可膨胀石墨生产工艺都是对传统工艺流程的经典再创新，新型硫酸＋双氧水工艺适合工业大规模生产，而电化学工艺适合小规模细粒径可膨胀石墨生产。

5.6　本章参考文献

［1］王正洲，范维澄，瞿保钧. 膨胀石墨增效 $Mg(OH)_2$ 无卤阻燃 PE 的燃烧特

性[J]. 合成树脂及塑料, 2000, 17 (5): 22 – 25.

[2]赵颖华, 金程, 李登新. 膨胀石墨对废水中铬的吸附研究[J]. 环境科学与技术, 2012, 35(4): 149 – 152.

[3]徐珊, 曹宝月, 刘璇. 膨胀石墨对尾矿废水中汞的吸附研究[J]. 再生资源与循环经济, 2017, 10(8): 32 – 35.

[4]于倩, 刘洪成, 阚侃, 等. 膨胀石墨吸附水中油污的研究进展[J]. 炭素技术, 2021, 40(4): 17 – 19,24.

[5]林雪梅. 可膨胀石墨的化学氧化法制备研究进展[J]. 炭素, 2005(4): 44 – 48.

[6]陈小文, 夏金童, 陈宗璋, 等. 制备低硫高倍膨胀石墨的正交法研究[J]. 炭素, 2000(3): 1 – 5.

[7]周丹凤, 田金星. 膨胀石墨的化学氧化法制备的研究进展[J]. 中国非金属矿工业导刊, 2012(1): 27 – 30.

[8]陶丽华, 蔡燕, 李在均, 等. 石墨/CdS 量子点复合材料的电化学性能研究[J]. 无机材料学报, 2011, 26(9): 912 – 916.

[9]侯波, 孙红娟, 彭同江, 等. 低温加热快速制备膨胀石墨[J]. 新型炭材料, 2020, 35(3): 262 – 268.

[10]刘孟然, 王攀, 李建立, 等. 膨胀石墨基定型相变材料研究进展[J]. 化工新型材料, 2018, 46(12): 6 – 10.

[11]周孙希, 章学来, 刘升, 等. 癸醇－棕榈酸/膨胀石墨低温复合相变材料的制备与性能[J]. 化工学报, 2019, 70(1): 290 – 297.

[12]翟天尧, 李廷贤, 仵斯, 等. 高导热膨胀石墨/硬脂酸定形相变储能复合材料的制备及储/放热特性[J]. 科学通报, 2018, 63(7): 674 – 683.

[13]张步宁, 崔艳琦, 尹国强, 等. 膨胀石墨相变储热复合材料的制备及性能研究[J]. 广州化工, 2011, 39(15): 70 – 72.

[14]康丁, 西鹏, 段玉情, 等. 聚乙二醇/膨胀石墨相变储能复合材料的研究[J]. 化工新型材料, 2011, 39(3): 106 – 108,119.

[15]郤攀, 张连红, 单晓宇. 膨胀石墨制备方法的研究进展[J]. 合成化学, 2016, 24(9): 832 – 836.

[16]田禾青, 王维龙, 丁静, 等. 微波法制备膨胀石墨及其膨胀特性[J]. 化工

学报，2015，66（S1）：354-358.

[17]孙凯，晏凤梅，张步宁，等．膨胀石墨/石蜡复合相变储能材料的制备与性能研究[J]．化工新型材料，2012，40（8）：148-150.

[18]刘秀玉，张冰，张浩，等．基于 TG-FTIR 与 XPS 的硬质聚氨酯泡沫/膨胀石墨复合材料阻燃机理研究[J]．光谱学与光谱分析，2020，40（5）：1626-1633.

[19]修显凯，徐世艾，殷国俊，等．膨胀温度对膨胀石墨孔结构的影响[J]．烟台大学学报（自然科学与工程版），2019，32（4）：352-356.

[20]吕广超，冯晓彤，周国江，等．以高氯酸和磷酸为插层剂制备无硫可膨胀石墨的研究[J]．黑龙江科学，2015，6（5）：18-19+25.

[21]徐珊，许佩瑶，尹子珺，等．膨胀石墨制备及在环境保护中的应用现状[J]．广东化工，2014，41（20）：55-56,58.

[22]赵纪金，李晓霞，郭宇翔，等．分步插层法制备高倍膨胀石墨及其微观结构[J]．光学精密工程，2014，22（5）：1267-1273.

[23]林雪梅，潘功配．可膨胀石墨的应用研究进展[J]．江苏化工，2005，33（6）：13-16.

[24]于仁光，乔小晶，刘伟华，等．低硫可膨胀石墨制备新工艺[J]．精细石油化工进展，2003，4（12）：32-33+36.

[25]黄琨，黄渝鸿，郭静，等．聚合物/膨胀石墨纳米复合材料制备及其应用研究进展[J]．材料导报，2008，22（S2）：147-150.

[26]李长青，王树成，周玉锋．镀铜膨胀石墨的制备[J]．黑龙江科技大学学报，2014，24（5）：500-502.

[27]康文泽，黄性萌，周波，等．膨胀石墨对染料溶液和油类的吸附效果[J]．黑龙江科技大学学报，2014，24（5）：507-511.

[28]周丹凤，田金星．低能耗型可膨胀石墨的制备研究[J]．矿产综合利用，2013（1）：54-57.

[29]卢亚云，谢林生，汤先文，等．水交换法制备低温可膨胀石墨的研究[J]．材料导报，2009，23（18）：97-99,102.

[30]李冀辉，史会卿，黎梅，等．制备可膨胀石墨的新工艺路线研究[J]．非金属矿，2009，32（4）：51-53,58.

[31]吴会兰, 张兴华. 低温可膨胀石墨的制备[J]. 非金属矿, 2011, 34(1):
　　26 - 28, 32.

[32]周严洪, 张凌燕, 邱杨率, 等. 细鳞片可膨胀石墨的制备及表征[J]. 非金
　　属矿, 2019, 42(6): 62 - 64.

[33]贲智萍, 余志伟, 陈林, 等. 天然微细鳞片石墨制备膨胀石墨[J]. 非金属
　　矿, 2011, 34(3): 26 - 28, 37.

第6章 新型石墨烯产品制备 与典型应用技术

石墨尤其是石墨烯目前已是前沿新材料。在当前新一轮产业升级背景下，新材料产业必将成为未来高新技术产业发展的基石和先导，对全球经济、科技、环境等各个领域发展产生深刻影响，因此我国应全力推动石墨与石墨烯产业的快速且高质量发展。

6.1 石墨烯产品技术现状与问题分析

目前大规模生产石墨烯原料依然采用化学法，所制备的石墨烯氧化严重从而不易还原影响其导电与导热性能，氧化剂用量大不易清洗并且废水不易处理，生产过程中存在安全隐患。部分企业采用物理剥离法，所制备的石墨烯片层厚度区间较宽，少层石墨烯在所生产的原料中占比较低。部分科研院所提出，以高膨胀倍率可膨胀石墨作为制备石墨烯的原料，先热膨胀处理可膨胀石墨，再通过电化学法、物理剥离法等对其进行再处理，从而制备高质量的石墨烯，此项工艺从技术与原理上皆具备较高的可操作性，但国内专利与文献缺少具体的操作工艺与实验结果，这就造成了企业端研究不够，从而无从下手。鉴于此，本章将提供一种化学＋电化学＋物理化联合制备石墨烯的工艺与技术，为石墨烯相关生产企业提供理论依据，为科研工作提供实验基础。本章将从低成本、对环境友好等方面考虑，研究规模化石墨烯生产工艺，同时提出几种制备石墨烯复合材料的方案及在传感器方面的应用。

6.2　新型 1 – 3 层石墨烯生产设备与工艺

6.2.1　新型 1 – 3 层石墨烯生产简易装置设计

自制石墨烯简易生产装置如图 6 – 1 所示,该装置主要包括电源部分、阳极氧化部分、阳极左右反复移动导轨等。阳极氧化部分包括电解槽体(PP 材质)和阴极板(不锈钢),阴极板接线部分穿过电解槽体的右端,在穿出部分要求阴极板与电解槽体做密封处理,防止电解液渗出。将耐温耐酸滤布布置在阴极板上方并与阴极板预留一定间隙,要求滤布四周与电解槽体内壁紧密接触并撑紧。阳极部分包括圆形管体(PP 材质)和配重体,配重体上方预留与正极连接的接头。阳极左右反复移动导轨(耐酸气腐蚀材质)中的阳极圆形管体可沿其左右反复移动,且移动速度可调。配重材质为不锈钢,与直流电源正极相连,且连接线预留圆形管体从右移至左面的充足距离长度,配重的质量按阳极外层圆柱体内截面计算应为 500 g/dm² 左右。阴极板与直流电源负极相连。在导轨上设定圆形管体下层面与滤布接触距离,圆形管体最底部设置井式格栅,防止石墨整体脱落,当圆形管体静止时,石墨物料不从圆形管体露出。滤布目数为 300 目,上层设置一层 PP 网格,网格目数为 50 目,方便与物料形成一定的摩擦力。

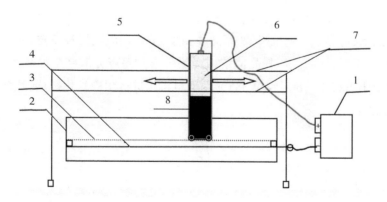

1—直流电流;2—电解槽体;3—滤布;4—阴极板;5—阳极外层圆柱体;
6—阳极部分配重;7—阳极移动导轨;8—待反应石墨物料。

图 6 – 1　自制石墨烯简易生产装置

6.2.2　新型1-3层石墨烯生产工艺

本章制备的石墨烯原材料采用超高膨胀倍率的可膨胀石墨产品,具体步骤如下。

步骤一:对超高膨胀倍率的可膨胀石墨进行热膨胀处理。

步骤二:对上述热膨胀处理后生成的石墨"蠕虫"进行压块处理,压块的直径与自制的石墨烯简易生产装置中圆柱体内径相等。

步骤三:将上述压块处理的石墨放入自制的石墨烯简易生产装置圆柱体内,进行阳极再氧化。

步骤四:收集往返运动的圆柱体与滤布二者在摩擦过程中散落的石墨物料。

步骤五:对上述物料进行简单清洗,对物料进行二次热膨胀处理。

步骤六:对上述物料进行超声处理2~5 min,取最上层未分散物料返回步骤二,并对分散液进行固液分离,最后烘干,即得10层以下石墨烯微片。

6.2.3　新型1-3层石墨烯生产实验结果与讨论

图6-1中阳极氧化部分圆柱体半径为1 dm,其面积为3.14 dm²,接阳极的配重半径也设计为1 dm,质量为1600 kg,本章采用超高膨胀倍率的可膨胀石墨,经热膨胀石墨"蠕虫"质量为1 kg,压成半径为1 dm高度为3 dm的圆柱体,装入阳极氧化部分圆柱体内。在上述实验方案下,阳极氧化1 h后的XRD谱图如6-2所示,可见主峰强度降低,略向小角度偏移,同时衍射峰变宽,表明更多层片被氧化插层,从而破坏其晶体结构。热膨胀及超声分散结果如表6-1所示,可见对阳极氧化1 h后收集385 g的物料再次进行阳极氧化插层,热膨胀后质量为320 g。

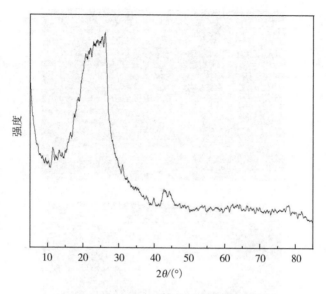

图 6 - 2 再次氧化插层后的 XRD 谱图

表 6 - 1 热膨胀及超声后的实验结果

阳极氧化时间/h	阳极氧化收集物料质量/g	热膨胀后质量/g	超声 3 min 上浮物质量/g	超声 3 min 分散在溶液中的质量/g
1	385	320	158	162

图 6 - 3(a)是再次氧化插层后热膨胀石墨的表面形貌,可见再次氧化插层热膨胀后,石墨片层间打开距离更大且更均匀,所以在超声 3 min 分散作用下,50% 的石墨可以剥离成较细的石墨微片。AFM 图如图 6 - 3(b)所示,视野中片径为 2 μm 以下。

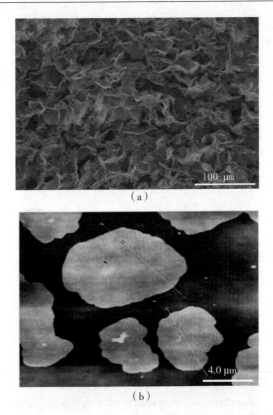

图 6 - 3　(a)再次氧化插层后热膨胀石墨表面的 SEM 图;(b)再次氧化插层后
热膨胀超声分散的 AFM 图

石墨层间距在 0.335 ~ 0.338 nm 之间,理论上单层石墨烯厚度为 0.334 nm。在 AFM 测试中,单层石墨烯的厚度起伏约为 1 nm,所以 AFM 测试中对大多数 1 nm 的结果定论为单层石墨烯。在双层石墨烯的测试中,两层石墨加上层间距的理论厚度约为 1 nm,AFM 测试中厚度起伏通常在1.5 ~ 2.0 nm 之间。三层石墨烯理论厚度约为 1.67 nm,每增加一层理论厚度增加 0.67 nm 左右,其中,在三层石墨烯的 AFM 测试中,厚度起伏通常在 3 nm 左右。图 6 - 4 为图 6 - 3(b)中石墨烯厚度起伏曲线,可见起伏高度在 3 nm 以内,同时发现曲线通过整个颗粒,两处整个颗粒的缺陷起伏变化不大,较为平稳。随机测试两个石墨烯颗粒,片层可视为 2 层或 3 层,其高分辨 SEM 图如图 6 - 5 所示。

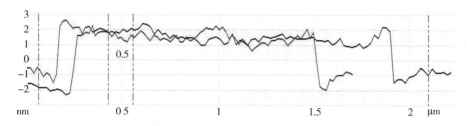

图 6 - 4　AFM 测试厚度起伏曲线图

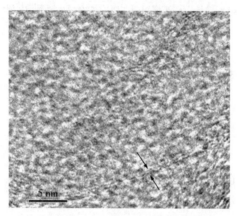

图 6 - 5　再次氧化插层后热膨胀超声分散的高倍率 SEM 图

本工艺是对石墨片层进行多次氧化插层,确保石墨颗粒的每个片层间距都被有效打开,在简单超声处理后即可得到层数较少的石墨烯。本工艺中值得注意的是一定要把握好超声时间,在 3 min 内被迅速分散的石墨烯片层在 3 层以下的占比超过 80%,因此不要轻易延长超声时间,因为随超声时间的无限延长,一些层间没有被打开的石墨也会被简单剥离,在混合溶液中成为悬浮状态,最终导致片层数不均匀,有厚有薄。对 3 min 超声迅速分散的悬浮液部分进行固液分离与干燥,即可得到少层石墨烯,而不能分散的部分漂浮于水面,对此部分进行简单分离,重新压块再次进行电化学氧化,直至石墨每个片层都被有效打开。在本书设定的工艺中,3 min 内石墨烯产率约为 50%。其优点在于片层数量均匀可控,产率较高,易于产业化推广;其缺点在于此类电化学膨胀的设备尚未有商业化成熟产品,本书自制的装置设备小、效率低,还有待进一步改造与创新。

6.3 多层石墨烯制备设备与工艺

6.3.1 多层石墨烯实验设备

选用已商业化的成熟设备高压均质机,其工作原理为物料经过加压(400 MPa),通过百微米级孔道后形成射流,在金刚石交互容腔内发生剧烈的剪切、碰撞、空穴效应和对射,达到减小粒径,改善物料乳化性、稳定性、均一性和透明性的作用。

6.3.2 多层石墨烯实验工艺

多层石墨烯制备实验工艺与方案如下。

步骤一:原料采用超高膨胀倍率的可膨胀石墨。

步骤二:石墨与水及分散剂按 0.2 mg:1 mL:0.001 mg 配比,配置 250 mL。

步骤三:将上述溶液注入设备自带的 250 mL 注射器中。

步骤四:设定均质机的压力为 80 MPa。

步骤五:进行高压分散。

步骤六:对上述物料进行多次循环。

6.3.3 多层石墨烯制备实验结果与讨论

图 6 - 6 是不同循环次数后多层石墨烯的 TEM 图,图 6 - 6(a)为一次循环后多层石墨烯的 TEM 图,石墨片层没有被充分打开,图片左侧明显较厚;图 6 - 6(b)为五次循环后多层石墨烯的 TEM 图,石墨与衬底的透明度提高,说明层数减少;图 6 - 6(c)为十次循环后多层石墨烯的 TEM 图,可见有较薄的石墨片层出现如箭头所示,另外明显看出石墨层片部分未剥离,推测在十次循环后,所得产品片层数较为不匀,可能由少量少层石墨烯与石墨微片组成;图 6 - 6(d)为十五次循环后多层石墨烯的 TEM 图,石墨与衬底的透明度进一步提高,也可以说明层数进一步减少;图 6 - 6(e)为二十次循环后多层石墨烯的 TEM 图,与图6 - 6(d)相比没有明显变化,仅是石墨表面大的褶皱变小,推测可能为层数进一步减少,但明确显现为多层结构;图 6 - 6(f)为二十五次循环后多层石

墨烯的 TEM 图,呈现出褶皱较小的薄层结构状态,推测可能制备成了多层石墨烯。

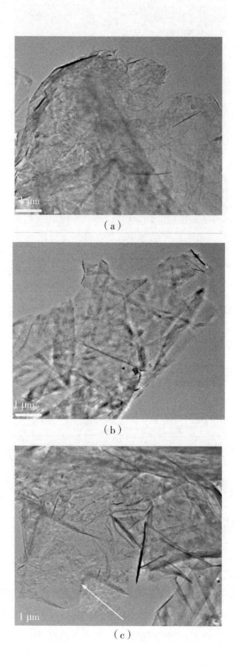

（a）

（b）

（c）

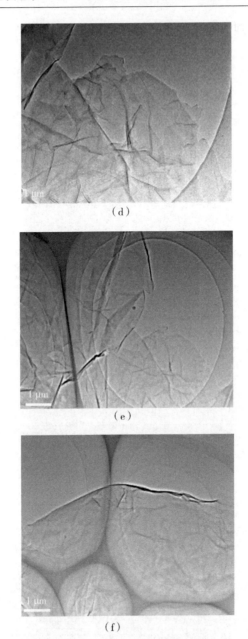

图6-6　不同循环次数后多层石墨烯的 TEM 图

（a）一次循环；（b）五次循环；（c）十次循环；（d）十五次循环；

（e）二十次循环；（f）二十五次循环

对高压均质机下循环二十五次后的产品进行 AFM 测试如图 6-7 所示,可见片径大小不太均匀,对小尺寸的石墨作整体厚度起伏测试,测试结果如图6-8(a)所示,与图6-4 不同的是曲线的起伏较大,主要是缺陷引起的。在高压射流过程中,石墨在金刚石交互容腔内发生剧烈的剪切、碰撞、空穴效应和对射,经过插层初步打开层片的石墨片层被进一步撕裂并迅速剥离,最终形成少层石墨烯,而少层石墨烯也存在未经过插层的片层,在高压均质机的作用下,少层石墨烯的边缘或中间出现撕裂现象,在 AFM 厚度起伏测试中表现出较大起伏。在厚度起伏测试的颗粒中,有的起伏达到 4 nm 左右,说明厚度超过了三层,理论上为四层或五层结构。

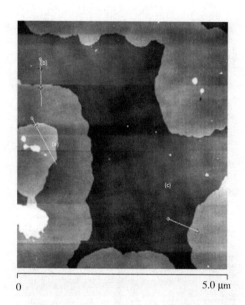

图 6-7　在高压均质机下循环二十五次后 AFM 图片

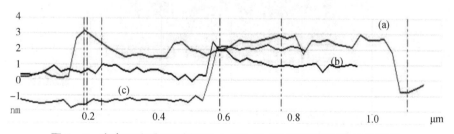

图 6-8　在高压均质机下循环二十五次后 AFM 测试厚度起伏曲线图

图 6-9 为不同循环次数后多层石墨烯的高分辨 TEM 图,图 6-9(a)为循环十次后多层石墨烯的高分辨 TEM 图,石墨片层数约为 18 层,说明十次循环后所得产品仅可归类为纳米石墨片,还不能归为多层石墨烯;图 6-9(b)为循环十五次后多层石墨烯的高分辨 TEM 图,石墨片层数约为 12 层,但通过仔细观察,存在 2 层的石墨烯;图 6-9(c)为循环二十次后多层石墨烯的高分辨 TEM 图,石墨片层数约为 9 层,说明已经成功制备了多层石墨烯,为了保证石墨片层最大范围的限制在 10 层以内,还需进一步进行高压均质分散;图 6-9(d)为循环二十五次后多层石墨烯的高分辨 TEM 图,同时存在 4 层和 8 层的石墨烯,此结果与 AFM 厚度起伏测试结果相符。

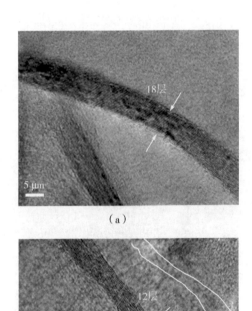

(a)

(b)

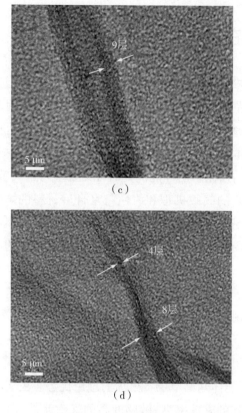

图 6-9　不同循环次数后多层石墨烯的高分辨 TEM 图

(a)十次循环;(b)十五次循环;(c)二十次循环;

(d)二十五次循环

　　本节采用高压均质机对氧化插层后的可膨胀石墨进行分散,优点为设备种类较多,且成熟应用于石墨烯生产中,缺点为最终的石墨烯产品层数范围较大,产品中既存在 3 层以下的石墨烯,又存在少部分 8 层左右的石墨烯,其原因是可膨胀石墨没有形成层层插层的结构。尽管采用的可膨胀石墨是超高膨胀倍率的原料,但不经多次重复插层,也不可能使每个层片都有效打开,导致在高压均质机分散时,被插层过的石墨片层首先被撕裂分散,未被插层过的石墨片层只有在进行多次循环后才能被剥离,所以本设备制备的石墨烯产品均匀性较难控制,同时存在能耗高的缺点,但对于石墨烯层数要求不高的产品,此工艺为目前最佳的工艺。

6.4 石墨烯在器件方面的典型应用

针对丙酮气体浓度探测的气敏元件,不但在化工安全生产中起着重要作用,还可应用于食品工业发酵控制,具有重要应用前景。因此,制备灵敏度高、选择性好、响应 – 恢复时间短、较低工作温度下长期稳定性较高的丙酮传感器具有重要的意义。本章致力于探索石墨烯复合材料的气敏材料性,通过调节材料的结构、改性及复合,制备出性能优异的可穿戴型丙酮气敏传感材料,并且较为系统地分析了材料的气敏机理和改性与复合后材料的增敏机制。Novoselov报道了一种基于石墨烯的单分子探测气体传感器,发现石墨烯表面的吸附气体分子可以使石墨烯局部载流子浓度发生变化,导致石墨烯的电阻发生台阶状的变化,从而实现了单分子的气体探测。众多文献表明,灵敏度较高的气敏元件需要有较高的载流子迁移率和不同气体氛围下电阻巨大变化的特性。石墨烯在气体探测方面表现出较高的灵敏度,主要是因为石墨烯是一种单层的结构,所有的原子都可以吸附气体分子,气敏的利用率较高,并且还有较快的电子传导速度。但实践证明,当单层石墨烯作为复合材料填料或单独利用时,往往以团聚体形式存在,不能体现出单层石墨烯的理论优势。由于目前的技术手段还不能把纯的石墨烯制备成效率高、敏感度高的气敏元件,而是要把石墨烯与其他材料进行复合从而发挥两者的优势,尤其是石墨烯的降温效应,拓展了目前半导体材料的应用领域。

6.4.1 石墨烯基复合材料丙酮气体传感器设计

6.4.1.1 石墨烯/铁酸锌复合材料的制备

取 2 mmol 乙酰丙酮铁[$Fe(C_5H_7O_2)_3 \cdot H_2O$, >95%]加入 35 mL 无水乙醇中,搅拌 10 min 充分溶解,加入 1 mmol 乙酰丙酮锌[$Zn(C_5H_7O_2)_2 \cdot H_2O$, >95%],再搅拌 10 min 充分溶解,加入质量百分数为 2% 的石墨烯(rGO,按乙酰丙酮铁量计算),超声分散 30 min,放置于 50 mL 反应釜(聚四氟乙烯内衬中)进行水热反应,140 ℃进行溶剂热反应,并且利用自制高压反应釜,同时进行超声辅助,反应时间为 12 h。通过离心收集反应釜底部红色沉淀,经多次去离子水及乙醇清洗后,将清洗后的样品进行冷冻干燥,最后在氮气保护下于 500 ℃ 热处理 2 h,最终得到石墨烯/铁酸锌复合材料,即 rGO/ZnFe$_2$O$_4$。

6.4.1.2　石墨烯/铁酸锌复合材料传感器组装

将一定量的 rGO/ZnFe$_2$O$_4$ 粉末放入研钵中,充分研磨后加入无水乙醇进行超声分散。将超声分散好的液体通过离心机进行固液分离,对沉淀物进行真空干燥,等固液比约为 1∶1 时停止干燥,得到糊状物,用刷子反复涂覆在氧化铝陶瓷管壁(长为 4 mm,外径为 1.2 mm,内径为 0.8 mm)上,使之充分覆盖整个陶瓷管壁。将涂覆好样品的陶瓷管置于冷冻干燥机内冻干,然后按图 6 - 10 制备传感器,并在 200 ℃ 条件下进行老化,时间为 3 天。测试时通过调节电压大小来控制传感器的工作温度。

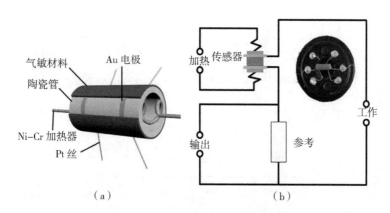

图 6 - 10　(a)传感器的结构示意图;

(b)气敏测试原理简图,插图为传感器实物

6.4.2 石墨烯基复合材料丙酮气体传感器测试结果分析

6.4.2.1 石墨烯/铁酸锌复合材料结构表征与分析

（1）物相分析

对所制备的样品进行 XRD 分析，如图 6－11 所示，衍射峰都比较尖锐，表明了在 rGO 存在的条件下 $ZnFe_2O_4$ 依旧表现出了很高的结晶度。所有衍射峰均指向 $ZnFe_2O_4$，未发现属于 rGO 的衍射峰，原因可能是 rGO 含量较少，而且 $ZnFe_2O_4$ 覆盖在 rGO 表面，导致绝大部分 rGO 被隔离，致使 rGO 的衍射峰相当弱甚至消失。$rGO/ZnFe_2O_4$ 与纯 $ZnFe_2O_4$ 衍射峰相比，$rGO/ZnFe_2O_4$ 的衍射峰较宽且强度较弱，这表明 $rGO/ZnFe_2O_4$ 片层之间的堆叠在本质上是无序且无定形的。

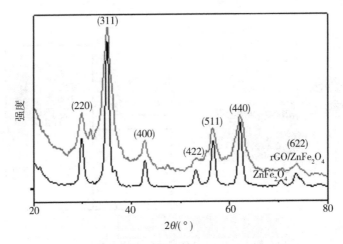

图 6－11 纯 $ZnFe_2O_4$ 和 $rGO/ZnFe_2O_4$ 的 XRD 谱图

从样品的 HRTEM 图（图 6－12）中可以清楚地看到两种 $ZnFe_2O_4$ 的晶格条纹，其晶面间距分别为 0.22 nm 和 0.19 nm，对应于 $ZnFe_2O_4$ 的（400）和（311）晶面，选区电子衍射图也表明 $rGO/ZnFe_2O_4$ 为多晶结构，该选区电子衍射图为一系列同心的衍射环，由里到外可以观察到 4 个衍射环，各衍射环所对应的晶面间距对应于 $ZnFe_2O_4$ 的（533）、（440）、（400）和（311）晶面。

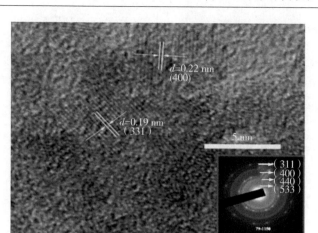

图 6-12　rGO/ZnFe$_2$O$_4$ 的 HRTEM 图及选区电子衍射图（插图）

（2）微观形貌与结构分析

rGO/ZnFe$_2$O$_4$ 的 SEM 图如图 6-13(a)所示,可见复合材料由不规则的片状物质组成。由于 ZnFe$_2$O$_4$ 粒子在溶剂热反应过程中均匀地沉积在 rGO 片层表面,rGO 片径大小不一,并且具有柔软卷曲的特性,所以在 SEM 图中表现出片状杂乱分布的特征。rGO/ZnFe$_2$O$_4$ 的 TEM 图如图 6-13(b)所示,片状的基底上分布着较小的粒状物质,约为 5 nm 的 ZnFe$_2$O$_4$ 粒子较为均匀地生长在 rGO 表面,表现出不规则粒子状,由此可证明 rGO 的存在并没有影响ZnFe$_2$O$_4$ 的形貌。因此 rGO 作为一种新型二维平面特殊碳质材料,具有较多活性位点及褶皱的结构,同时具有较大的比表面积以及良好的电子迁移率。溶剂热反应过程中 ZnFe$_2$O$_4$ 会以 rGO 片层为基底,在较强的极性作用下,形成结合较好的复合结构,不但起到了限制 ZnFe$_2$O$_4$ 粒子生长的作用,还防止了 rGO 片层之间的团聚。除了电子结构的特点外,在 rGO 面内的缺陷位置及边缘处还存在一定悬键,有利于 rGO 与 ZnFe$_2$O$_4$ 的结合。

（a）

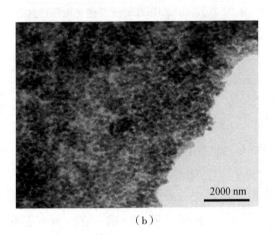

（b）

图 6 – 13 rGO/ZnFe$_2$O$_4$的（a）SEM 图及（b）TEM 图

通过 XPS 进一步分析 rGO/ZnFe$_2$O$_4$的化学成分和元素价态,从其 XPS 全谱中可以观察到 Zn 2p、Fe 2p、O 1s 和 C 1s 的峰,如图 6 – 14(a)所示。其中结合能位于 284.6 eV 的 C 1s 峰作为标定参比峰。如图 6 – 14(b)所示,Fe 2p 在结合能为 725.8 eV 和 711.3 eV 处被分成两个峰,表明 Fe^{3+}以两种位置状态存在。如图 6 – 14(c)所示,Zn 2p 在 1022.0 eV 和 1045.0 eV 处的结合能分别归属于 Zn 2p$_{3/2}$和 Zn 2p$_{1/2}$,证明 ZnFe$_2$O$_4$颗粒中存在 Zn^{2+}。在图 6 – 14(d) O 1s XPS 谱图中可见 O 1s 峰被拟合为三个峰,530.5 eV 处的峰来自 ZnFe$_2$O$_4$中的典型晶格氧,531.7 eV 处的峰来自氧缺陷,而 532.8 eV 处的峰来自化学吸附氧(O^{2-} 和

O^-),并且经计算,复合后 $ZnFe_2O_4$ 的晶格氧为 37.9%、氧缺陷为 40.7%、吸附氧为 21.3%。其中,吸附氧与氧缺陷在材料检测目标气体的过程中起着十分重要的作用,与纯 $ZnFe_2O_4$ 相比,复合后的 $ZnFe_2O_4$ 有更高比例的氧缺陷和化学吸附氧。有文献表明,晶格中的氧离子具有较高的化学稳定性,所占比例对气敏性能没有影响,而在一定的工作温度条件下,氧空位越多对气体吸附和反应越有利,化学吸附氧组分的增加表明气敏材料表面有更多的化学吸附氧,能够参与气体分子之间的氧化还原反应,容易引起传感器电阻更大的变化。

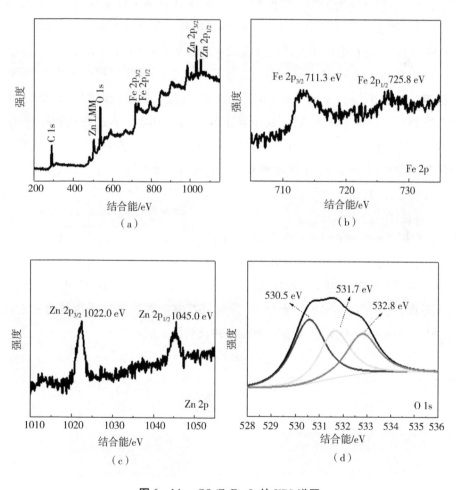

图 6-14　rGO/$ZnFe_2O_4$ 的 XPS 谱图

(a) XPS 全谱;(b) Fe 2p;(c) Zn 2p;(d) O 1s

6.4.2.2　石墨烯/铁酸锌复合材料气敏性能测试

在 10^{-2} 丙酮气氛中,对 30～300 ℃不同温度条件下的 rGO/ZnFe$_2$O$_4$ 进行测试。如图 6-15(a)所示,温度在 30 ℃和 60 ℃时,响应值较低,而温度超过 60 ℃时,响应值迅速升高,温度到 90 ℃时,响应值高达 15,证明此种复合材料在较低的工作温度条件下也有较好的气敏性能,温度到 180 ℃时,响应值达到 21 左右,温度超过 180 ℃响应值下降,当与纯 ZnFe$_2$O$_4$ 工作温度(220 ℃)相同时,尽管响应值下降为 18 左右,但与纯 ZnFe$_2$O$_4$ 在最佳工作温度时的响应值相差无几,由此证明 rGO 的引入使复合材料在较低温度下具有较高的灵敏度,而 2% rGO 的添加并没有影响其较高温度的响应值。图 6-15(b)为在最佳工作温度 180 ℃条件下,rGO/ZnFe$_2$O$_4$ 传感器对不同浓度的丙酮的响应－恢复曲线。在浓度为 5×10^{-3} 和 1×10^{-2} 时,rGO/ZnFe$_2$O$_4$ 有较长的响应时间和恢复时间,并且在短时间内很难达到基值,这里初步分析是由 rGO 特有的性质所决定的。图 6-15(c)体现了 rGO/ZnFe$_2$O$_4$ 对气体的选择性,与纯 ZnFe$_2$O$_4$ 相比,其对丙酮的响应明显高于乙醇。由于乙醇和丙酮具有相似的相对分子质量、极性和氧化还原电位,所以很多半导体材料对二者的选择很难区分。本章添加了 rGO 增加了材料的酸性,由此降低了对乙醇的敏感性,提高了 rGO/ZnFe$_2$O$_4$ 的选择性,图 6-15(d)表明 rGO/ZnFe$_2$O$_4$ 传感器对丙酮气体的长期稳定性良好。首先,ZnFe$_2$O$_4$ 化学结构稳定,抗酸、碱腐蚀性较强,铁系尖晶石制备的气敏材料都具有较好的长期稳定性;其次,在较低温度条件下工作,纳米 ZnFe$_2$O$_4$ 由于 rGO 的复合隔离,减少了因高温的团聚融合,并且 rGO 在此温度条件下也具有稳定状态,所以 rGO/ZnFe$_2$O$_4$ 传感器表现出较好的长期稳定性。

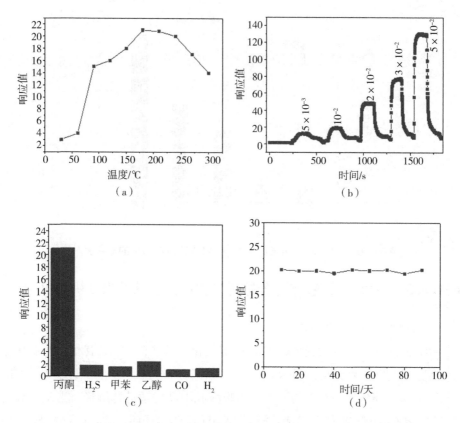

图 6 - 15　（a）2% rGO/ZnFe$_2$O$_4$传感器在不同温度条件下对丙酮气体的响应值；
（b）rGO/ZnFe$_2$O$_4$传感器在 180 ℃条件下对不同浓度丙酮气体的响应 - 恢复曲线；
（c）rGO/ZnFe$_2$O$_4$传感器对不同气体的选择性；（d）rGO/ZnFe$_2$O$_4$传感器对丙酮
气体的长期稳定性

比较 rGO/ZnFe$_2$O$_4$在最佳工作温度 180 ℃和纯 ZnFe$_2$O$_4$在最佳工作温度
220 ℃时的气敏性能，如图 6 - 16 所示，可见在丙酮浓度为 5×10^{-5} 和 1×10^{-4}
时，rGO/ZnFe$_2$O$_4$并没有表现出复合材料的优越性，相反响应值略低于纯
ZnFe$_2$O$_4$，而在丙酮浓度达到 2×10^{-4} 以后，响应值才提高得较为明显。

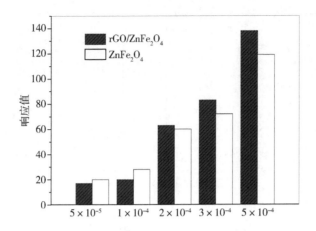

图 6 – 16 rGO/ZnFe$_2$O$_4$ 与纯 ZnFe$_2$O$_4$ 对不同浓度丙酮的响应值对比

6.4.2.3 石墨烯/铁酸锌复合材料气敏性能测试结果分析与讨论

（1）降低工作温度机理

rGO/ZnFe$_2$O$_4$ 工作温度和气敏响应值变化与纯 ZnFe$_2$O$_4$ 具有相同的变化趋势，都是最初随工作温度的升高而增加，而后随工作温度的进一步升高出现降低趋势，这一现象可用材料表面气体的吸附脱附动力学进行解释。当工作温度较低时，rGO/ZnFe$_2$O$_4$ 的化学活性较低，吸附还原性的丙酮气体分子少，与 Pt 电极接触的内层电阻的变化较小，导致反应灵敏度低。随着温度的升高，化学活性提高，吸附气体分子能力增强，反应灵敏度提升。而当温度达到一定界限时，一些吸附的气体分子会因为高温下的热运动而在反应前从 rGO/ZnFe$_2$O$_4$ 表面逃逸，因此导致气敏反应的最佳工作温度降低。但与纯 ZnFe$_2$O$_4$ 相比，rGO/ZnFe$_2$O$_4$ 最佳工作温度下降到 180 ℃，分析其原因可能有以下三个：rGO/ZnFe$_2$O$_4$ 避免了单一材料 rGO 和 ZnFe$_2$O$_4$ 的团聚，纳米尺寸的 ZnFe$_2$O$_4$ 以 rGO 的缺陷或活性较强的点为基础，均匀沉积成核，形成较小尺寸并且较为均匀的多晶结构，ZnFe$_2$O$_4$ 晶体的沉积降低了表面能，减少了 rGO 的团聚，而 rGO 的存在降低了 ZnFe$_2$O$_4$ 在低温烧结过程中互相融合长大的趋势。

图 6 – 17（a）是纯 ZnFe$_2$O$_4$ 传感器的表面形貌，与初始纳米粒子相比，团聚现象比较明显，这种结构显然会影响其气敏性能，而 rGO/ZnFe$_2$O$_4$ 低温烧结后的颗粒没有明显团聚现象，如图 6 – 17（b）所示，可以初步断定纳米粒子尺寸减小

是提高灵敏度的一个重要原因。rGO/ZnFe$_2$O$_4$气敏材料的主体仍然是纳米 ZnFe$_2$O$_4$,作为主体材料的纳米 ZnFe$_2$O$_4$与其他半导体气敏材料一样,都存在一个最佳工作温度,纯 ZnFe$_2$O$_4$最佳工作温度为 220 ℃,而 rGO/ZnFe$_2$O$_4$超过 180 ℃后,响应值下降。由于 rGO 表面能够提供更多吸附测试气体分子的活性位点(如空位、缺陷、含氧官能团),在较低温度便可达到饱和吸附,所以超过一定温度时,吸附的还原性气体易在高温下脱附,尽管 rGO/ZnFe$_2$O$_4$在 220 ℃时灵敏度降低,但对比纯 ZnFe$_2$O$_4$的响应值仍然表现得很优秀。rGO/ZnFe$_2$O$_4$的 N$_2$ 吸附 – 脱附曲线如图 6 – 17(c)所示,经计算比表面积为 220.50 m^2/g,孔分布在 3 ~ 8 nm 范围内,平均孔径为 5 nm,而纯 ZnFe$_2$O$_4$的比表面积为 90.77 m^2/g,孔分布在 2 ~ 8nm 范围内,平均孔径为 5 nm,如图 6 – 17(d)所示。rGO/ZnFe$_2$O$_4$具有更大容量的吸附脱附空间,比表面积增大,活性点位相应增加,工作温度降低。

图 6 – 17　(a)、(b) ZnFe$_2$O$_4$与 rGO/ZnFe$_2$O$_4$传感器的 SEM 图;
(c)、(d) ZnFe$_2$O$_4$与 rGO/ZnFe$_2$O$_4$的 N$_2$吸附 – 脱附曲线,插图为孔径分布

（2）增敏机制

rGO/ZnFe$_2$O$_4$与纯 ZnFe$_2$O$_4$对不同浓度丙酮的响应值对比如图 6-16 所示，总体分析，丙酮浓度在 1×10^{-4} 以下，rGO/ZnFe$_2$O$_4$相比纯 ZnFe$_2$O$_4$响应值稍有差距，但差距不大，但丙酮浓度在 1×10^{-4} 以上，达到 $2 \times 10^{-4} \sim 5 \times 10^{-4}$，响应值迅速提高，分析原因可能有以下两方面：一方面，适量的 rGO 与 ZnFe$_2$O$_4$复合，rGO/ZnFe$_2$O$_4$形成 p-n 异质结构，ZnFe$_2$O$_4$在一定温度下与氧发生化学吸附，电子被氧离子夺取，电阻升高。另一方面，在 p-n 界面内，根据文献报道 rGO 的氧含量达到 20%，其功函数能达到 6.8 eV，超过 ZnFe$_2$O$_4$的功函数 5.4 eV。由于二者功函数不同，在达到平衡时，n 型 ZnFe$_2$O$_4$和 p 型 rGO 的界面处将会形成局部的 p-n 异质结构。由于 rGO 具有更大的功函数，离散分布的 rGO 片将成为电子吸收体并从临近的 ZnFe$_2$O$_4$中抽取电子，导致 rGO/ZnFe$_2$O$_4$在一定工作温度条件下电阻大于纯 ZnFe$_2$O$_4$，虽然这种理论分析得到大多数研究者的认可，但是不可忽视的是，本章制备的 rGO/ZnFe$_2$O$_4$粒子更小，纯 ZnFe$_2$O$_4$为 10 nm 左右，而 rGO/ZnFe$_2$O$_4$粒子仅为 4.3 nm 左右。在制备传感器过程中，在陶瓷管外面涂覆一定量的气敏测试材料，低温烧结后，纯 ZnFe$_2$O$_4$粒子稍有团聚，但小粒子也都在 20 nm 左右，而 rGO/ZnFe$_2$O$_4$由于 rGO 的引入，低温烧结的表面均由较为均匀的粒子组成，暴露在空气中的粒子，内核的电子也基本上被氧离子抽取，所以尽管加入 rGO 形成了 p-n 异质结构，但由于大部分电子都被氧离子抽取，所贡献的作用不大，所以 rGO/ZnFe$_2$O$_4$在低浓度丙酮时与纯 ZnFe$_2$O$_4$相比并没有表现出更高的灵敏度。当丙酮浓度达到 $2 \times 10^{-4} \sim 5 \times 10^{-4}$ 响应值迅速提高，可能由于当浓度提高时，rGO 较大的吸附容量得以体现，非单层的 rGO 平行狭缝可以为高浓度的丙酮提供丰富的扩散通道，并且增加了活性位，使得待测气体更易于与氧离子反应，释放出更多的电子。具体工作示意图如 6-18 所示。

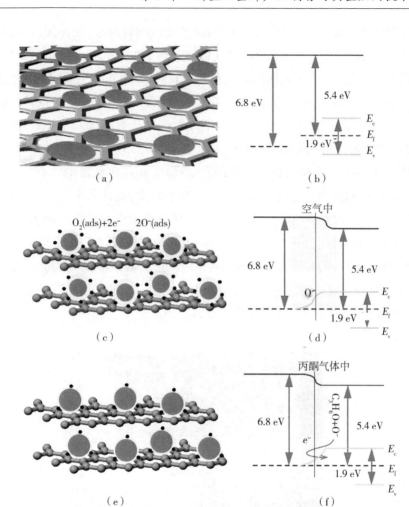

图 6 - 18　rGO/ZnFe$_2$O$_4$ 传感器对丙酮的气敏机制

（a）rGO/ZnFe$_2$O$_4$ 的示意图；（b）rGO 与 ZnFe$_2$O$_4$ 各自能带的结构图；

（c）电子在空气中的传递和传感反应；（d）在空气中 rGO/ZnFe$_2$O$_4$ 的能带结构图；

（e）电子在丙酮中的传递和传感反应；（f）在丙酮气体中 rGO/ZnFe$_2$O$_4$ 的能带结构图

为了进一步分析 rGO/ZnFe$_2$O$_4$ 的气敏性能及 rGO 含量对纯 ZnFe$_2$O$_4$ 气敏材料的影响,笔者制备了不同 rGO 含量的复合材料,质量百分比分别为 1%、2%、3%、4%（按溶剂热反应加入的乙酰丙酮铁量计算）,所制备的复合材料的 TEM 图如图 6 - 19 所示。随着 rGO 含量的增加,rGO 负载率下降,可能是在溶剂热反应过程中,2 mmol 乙酰丙酮铁与 1 mmol 乙酰丙酮锌反应,按无损计算,可以生成 0.25 g 纳米 $ZnFe_2O_4$。当加入 1% 的 rGO 时,尺寸为 5～10 nm 的$ZnFe_2O_4$均匀覆盖在石墨表面,$ZnFe_2O_4$的表面负载率较高,如图 6－19(a) 所示;当加入 2% 的 rGO 时,$ZnFe_2O_4$的负载率有一定程度的下降,如图 6－19(b) 所示;如图 6－19(c) 所示,随着 rGO 加入量的增加,$ZnFe_2O_4$的负载率进一步降低,当加入量为 3% 时,rGO 暴露面积达到 50% 左右,对比图 6－19(a) 和图6－19(b),当负载量较低时 rGO 边缘有卷曲的趋势;进一步加大 rGO 含量到 4%,如图 6－19 (d) 所示,rGO 相互卷曲、重叠,并且视野中粒子较少,而且大小不均匀,这种现象证实了前部分的推断,即加入适量 rGO,在溶剂热反应和后续干燥、烧结等过程中,rGO 和 $ZnFe_2O_4$互相调节,首先 rGO 表面均匀负载 $ZnFe_2O_4$,可有效防止 rGO 团聚,而 $ZnFe_2O_4$又因石墨烯的隔离作用阻止了融合长大的趋势,所以 rGO 表面的 $ZnFe_2O_4$粒子比纯 $ZnFe_2O_4$粒子减小一半左右。纳米尺寸进一步减小是 rGO/$ZnFe_2O_4$灵敏度比纯 $ZnFe_2O_4$高的原因之一。

200 μm

(a)

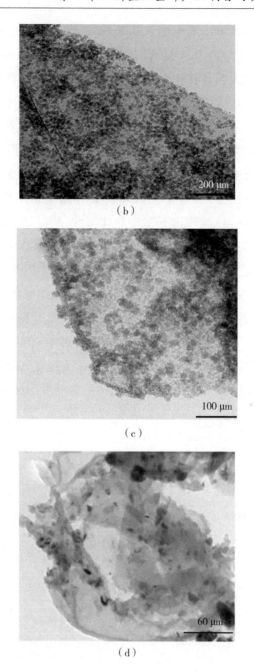

（b）

（c）

（d）

图 6－19　不同 rGO 含量的 rGO/ZnFe$_2$O$_4$的 TEM 图

（a）1%　;（b) 2%　;（c) 3%　;（d) 4%

纯 $ZnFe_2O_4$ 和不同 rGO 含量的 $rGO/ZnFe_2O_4$ 在工作温度为 180 ℃时的电阻如图 6 - 20 所示。适量的 rGO 复合起到了特殊的电阻调制作用。1% 和 2% $rGO/ZnFe_2O_4$ 由于加入的 rGO 较少，rGO 片被纳米 $ZnFe_2O_4$ 严密包覆，在复合物中呈现出孤立的分布或隔层累叠，没有单纯的 rGO 片与片之间的物理性交联。因此，$rGO/ZnFe_2O_4$ 主要的电传导路径依旧是沿着 $ZnFe_2O_4$ 颗粒进行，而不是沿着 rGO 片与片的传导。由于 rGO 与 $ZnFe_2O_4$ 形成 p - n 异质结构，并且 rGO 传输电子能力较强，能迅速吸收与之紧密包覆的 $ZnFe_2O_4$ 粒子的电子，形成更大的电子耗尽层，所以对比纯 $ZnFe_2O_4$，在 180 ℃工作温度条件下，表现出更高的电阻值。由于 $rGO/ZnFe_2O_4$ 表现出 n 型半导体特性，所以经 rGO 电阻调制作用，传感器在空气中电阻增大，从而提高了响应值。3% 的 $rGO/ZnFe_2O_4$ 的电阻值比纯 $ZnFe_2O_4$ 电阻值低，证明部分 rGO 之间有单独的物理接触，导致整体材料的电阻值有所降低，而 4% 的 $rGO/ZnFe_2O_4$ 则下降得更多。4% 的 $rGO/ZnFe_2O_4$ 的电子传导路径是 rGO 物理搭接的片层结构，由于 rGO 具有良好的导电性，所以电阻急剧下降，经气敏性能测试，1×10^{-4} 丙酮气氛中响应值仅为 1.08，并且表现出 p 型半导体的特性，而 1% 和 2% 的 $rGO/ZnFe_2O_4$ 经过 rGO 的电阻调制作用，表现出较高的灵敏度。3% 的 $rGO/ZnFe_2O_4$ 电阻率略低于纯 $ZnFe_2O_4$，经气敏性测试，响应值也略有降低，具体数据如表 6 - 2 所示。

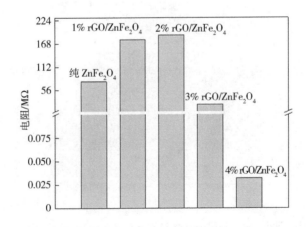

图 6 - 20　180 ℃纯 $ZnFe_2O_4$ 与不同 rGO 含量的 $rGO/ZnFe_2O_4$ 的电阻

表 6 - 2　纯 $ZnFe_2O_4$ 和不同 rGO 含量的 $rGO/ZnFe_2O_4$ 在 180 ℃ 的
电阻及对 5×10^{-4} 丙酮的气敏性能

材料	电阻/Ω	响应值	响应时间/s	恢复时间/s
纯 $ZnFe_2O_4$	77M	119.00	40	9
1% $rGO/ZnFe_2O_4$	178M	132.00	46	177
2% $rGO/ZnFe_2O_4$	189M	138.00	50	183
3% $rGO/ZnFe_2O_4$	22M	98.00	134	300
4% $rGO/ZnFe_2O_4$	32k	1.08	300	1200

当粒子尺寸较小时,rGO 的复合对低浓度丙酮气体灵敏度的提高效果不明显,为了进一步证明适量 rGO 的加入能起到明显的增敏效果,笔者将粒子尺寸较大的 $ZnFe_2O_4$ 与 rGO 进行复合。当 $ZnFe_2O_4$ 粒子尺寸较大(大于 20 nm)时,$rGO/ZnFe_2O_4$ 的灵敏度对比同样尺寸的纯 $ZnFe_2O_4$ 会有较大提高,增加溶剂热的反应温度可以提高 $ZnFe_2O_4$ 粒子的尺寸,在 180 ℃ 反应条件下,rGO 的加入量按最佳复合比 2% 进行复合(按乙酰丙酮铁量计算),所制备的 $rGO/ZnFe_2O_4$ 的 SEM 图如图 6 - 21(a)所示,$rGO/ZnFe_2O_4$ 呈片状结构,厚度为 80 nm 左右,片的两面都呈现粒子凸起形貌,可以断定为 rGO 被 $ZnFe_2O_4$ 双面包覆。$rGO/ZnFe_2O_4$ 的 TEM 图如图 6 - 21(b)所示,可见 rGO 表面负载着尺寸大小为 20 ~ 50 nm 的 $ZnFe_2O_4$ 颗粒。

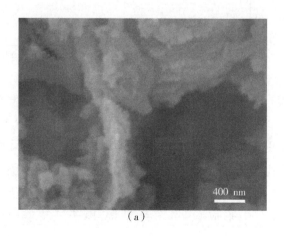

400 nm

(a)

图 6 − 21 2% rGO/ZnFe$_2$O$_4$的(a)SEM 图和(b)TEM 图

对 rGO/ZnFe$_2$O$_4$和相同条件下未加 rGO 的纯 ZnFe$_2$O$_4$(粒子尺寸为 20 nm)进行气敏测试,结果如图 6 − 22 所示。

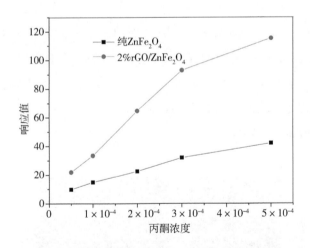

图 6 − 22 纯 ZnFe$_2$O$_4$与 2% rGO/ZnFe$_2$O$_4$对不同浓度丙酮的气敏测试

由图 6 − 22 可见,较大颗粒尺寸的 rGO/ZnFe$_2$O$_4$与相同尺寸纯 ZnFe$_2$O$_4$相比响应值有了明显提高,5×10^{-5}的丙酮其响应值是纯 ZnFe$_2$O$_4$的 2 倍,5×10^{-4}是纯 ZnFe$_2$O$_4$的 5 倍,这样的实验结果从侧面证明了前面分析的增敏机制,即 rGO 的存在与 ZnFe$_2$O$_4$形成 p − n 异质结构,电子迁移能力较强的 rGO 与

$ZnFe_2O_4$ 粒子抽取电子,导致较大颗粒尺寸的 $ZnFe_2O_4$ 电子耗尽层加厚,在一定的工作温度条件下电阻较高,当遇到还原性的丙酮气体时,电子重新被返还回到 $ZnFe_2O_4$ 晶体内部,电阻迅速下降,即灵敏度得到较大提高。这种现象在 $ZnFe_2O_4$ 粒子尺寸较小时表现得不太明显,而粒子尺寸较大时,适量 rGO 的复合使灵敏度大幅提升。

(3)响应-恢复时间变化机理

$rGO/ZnFe_2O_4$ 与纯 $ZnFe_2O_4$ 响应时间与恢复时间如表 6-2 所示,不同含量的 rGO 都延长了响应-恢复时间,分析其原因:第一,2% 的 $rGO/ZnFe_2O_4$ 既能表现出 rGO 优秀的性能,如对复合材料进行了电阻调制,降低了工作温度,并且提高了灵敏度等,带来了很多有利因素,但二者的复合也体现出不利的因素,即对气体脱附相对于纯 $ZnFe_2O_4$ 较困难,原因是制备 rGO 过程中仍然会在其表面或边缘产生较多的缺陷,即使经过了还原处理,但是不可避免地仍然存在较多的缺陷,这些缺陷很容易与待测气体发生较强的相互作用,从而很难从其表面脱附出来。因此在结果上表现为脱附时间较长,延长了响应-恢复时间。第二,对比较高的工作温度,较低的工作温度使恢复时间有所延长。第三,根据 rGO 片状结构,均匀包覆的 $ZnFe_2O_4$ 粒子的复合材料可以看作由片状的结构层层"瓦式"叠加而成,具备"筛网"叠加结构,为气体的扩散、吸附、脱附留下大量三维空间,而 $rGO/ZnFe_2O_4$ 相当于在层片的 $ZnFe_2O_4$ 中间铺垫了更为细小的分子筛,所以这种结构将会对气敏性能的响应和恢复时间产生不利的影响,导致恢复的时间更慢。

6.5　结论与展望

在少层石墨烯制备过程中,对鳞片石墨片层多次氧化插层,能确保石墨颗粒的每个片层间距都被有效打开,在简单超声处理后即可得到层数较少的石墨烯。石墨烯最终产品层数的均匀性控制在于超声分散,在超声分散过程中一定要把握好超声时间,在 3 min 内被迅速分散的石墨烯片层在 3 层以下的占比超过 80%。在电化学氧化插层制备石墨烯时不宜延长超声时间,因为随超声时间的无限延长,一些层间没有被打开的石墨也被简单剥离,在混合溶液中成为悬浮状态,最终导致片层数不均匀,有厚有薄。

在多层石墨烯制备过程中,采用高压均质机是目前最为方便、高效的手段之一,但一定要进行多次循环,通常要循环 10 次以上,同时原料尽量采用超高膨胀倍率的可膨胀石墨,确保同批次产品层数控制在一定范围之内。

以 rGO 作为基底,上面沉积半导体纳米材料时,可有效提高其灵敏度,并有效降低工作温度。主要原因是由于加入的 rGO 较少,rGO 片被纳米 $ZnFe_2O_4$ 严密包覆,在复合物中呈现出孤立的分布或隔层累叠,没有单纯的 rGO 片与片之间的物理性交联。因此,rGO/$ZnFe_2O_4$ 主要的电传导路径依旧是沿着 $ZnFe_2O_4$ 颗粒进行,而不是沿 rGO 片与片的传导。由于 rGO/$ZnFe_2O_4$ 形成 p-n 异质结构,并且 rGO 传输电子能力较强,能迅速吸收与之紧密包覆的 $ZnFe_2O_4$ 粒子的电子,形成更大的电子耗尽层,所以表现出更高的电阻值,由于 rGO/$ZnFe_2O_4$ 表现出 n 型半导体特性,所以经电阻调制作用,传感器件在空气中电阻增大,从而提高了响应值。

6.6 本章参考文献

[1] LIU C B, SHAN H, LIU L, et al. High sensing properties of Ce - doped α - Fe_2O_3 nanotubes to acetone [J]. Ceramics International, 2014, 40: 2395 - 2399.

[2] SONG H J, SUN Y L, JIA X H. Hydrothermal synthesis, growth mechanism and gas sensing properties of Zn - doped α - Fe_2O_3 microcubes [J]. Ceramics International, 2015, 41(10): 13224 - 13231.

[3] ZHAO C H, BAI J L, HUANG B Y, et al. Grain refining effect of calcium dopants on gas - sensing properties of electrospun α - Fe_2O_3 nanotubes [J]. Sensors and Actuators B: Chemical, 2016, 231: 552 - 560.

[4] ZHAO C H, ZHANG G Z, HAN W H, et al. Electrospun In_2O_3/α - Fe_2O_3 heterostructure nanotubes for highly sensitive gas sensor applications [J]. CrystEngComm, 2013, 15(33): 6491 - 6497.

[5] YAS A H, AHMAD U, AHMED A I, et al. Synthesis, characterization and acetone gas sensing applications of Ag - doped ZnO nanoneedles [J]. Ceramics International, 2017, 43(9): 6765 - 6770.

［6］WEI J S, DING H, ZHANG P, et al. Carbon dots/NiCo$_2$O$_4$ nanocomposites with various morphologies for high performance supercapacitors［J］. Small, 2016, 12(43): 5927 −5934.

［7］KUANG M, WEN Z Q, GUO X L, et al. Engineering firecracker − like beta − manganese dioxides@ spinel nickel cobaltates nanostructures for high − performance supercapacitors［J］. Journal of Power Sources, 2014,270: 426 −433.

［8］BULUT E, CAN M, ÖZACAR M, et al. Synthesis and characterization of advanced high capacity cathode active nanomaterials with three integrated spinel-layered phases for Li − ion batteries［J］. Journal of Alloys and Compounds, 2016, 670: 25 −34.

［9］VETR F, MORADI − SHOEILI Z, ÖZKAR S. Mesoporous MnCo$_2$O$_4$ with efficient peroxidase mimetic activity for detection of H$_2$O$_2$［J］. Inorganic Chemistry Communications, 2018, 98: 184 −191.

［10］谢柱. 过渡金属掺杂 ZnFe$_2$O$_4$的制备和磁性能研究［D］. 兰州: 兰州理工大学, 2017.

［11］PECK M A, LANGELL M A. Comparison of nanoscaled and bulk NiO structural and environmental characteristics by XRD, XAFS, and XPS［J］. Chemistry of Materials, 2012, 24(23): 4483 −4490.

［12］徐甲强, 沈瑜生, 曾桓兴, 等. 表面吸附氧对超微粒 α − Fe$_2$O$_3$电导的影响［J］. 河南科学, 1991, 9(3): 22 −27.

［13］WANG D, CHU X F, GONG M L. Hydrothermal growth of ZnO nanoscrew-drivers and their gas sensing properties［J］. Nanotechnology, 2007, 18 (18): 185601.

［14］SUTKA A, ZAVICKIS J, MEZINSKIS G, et al. Ethanol monitoring by ZnFe$_2$O$_4$thin film obtained by spray pyrolysis［J］. Sensors and Actuators B: Chemical, 2013, 176: 330 −334.

［15］汪洋, 孟亮. TiO$_2$表面氧空位对 NO 分子吸附的作用［J］. 物理学报, 2005, 54(5): 2207 −2211.

［16］NAVADEEPTHY D, REBEKAH A, VISWANATHAN C, et al. N − doped Graphene/ZnFe$_2$O$_4$: A novel nanocomposite for intrinsic peroxidase based sensing of H_2O_2 [J]. Materials Research Bulletin, 2017, 95: 1 – 8.

[17] QU L N, WANG Z L, HOU X, et al. "Rose Flowers" assembled from meso-porous $NiFe_2O_4$ nanosheets for energy storage devices [J]. Journal of Materials Science: Materials in Electronics, 2017, 28: 14058 – 14068.

[18] PARK G D, CHO J S, KANG Y C. Multiphase and double – layer $NiFe_2O_4$@ NiO – hollow – nanosphere – decorated reduced graphene oxide composite pow-ders prepared by spray pyrolysis applying nanoscale kirkendall diffusion [J], ACS Applied Materials and Interfaces, 2015, 7(30): 16842 – 16849.

[19] SCHEDIN F, GEIM A K, MOROZOV S V, et al. Detection of individual gas molecules adsorbed on graphene [J]. Nature Materials, 2007, 6 (9): 652 – 655.

[20] YANG W R, RATINAC K R, RINGER S P, et al. Carbon nanomaterials in biosensors: Should you use nanotubes or graphene? [J]. Angewandte Chemie International Edition, 2010, 49(12): 2114 – 2138.

[21] BOLOTIN K I, SIKES K J, HONE J, et al. Temperature – dependent transport in suspended graphene [J]. Physical Review Letters, 2008, 101(9): 096802.

[22] BOUKHVALOV D W, KATSNELSON M I. Modeling of graphite oxide [J]. Journal of the American Chemical Society, 2008, 130(32): 10697 – 10701.

[23] RATINAC K R, YANG W R, RINGER S P, et al. Toward ubiquitous environ-mental gas sensors – capitalizing on the promise of graphene [J]. Environmen-tal Science and Technology, 2010, 44(4): 1167 – 1176.

[24] SU Z B, TAN L, YANG R Q, et al. Cu – modified carbon spheres/reduced graphene oxide as a high sensitivity of gas sensor for NO_2 detection at room tem-perature [J]. Chemical Physics Letters, 2018, 695: 153 – 157.

[25] WEI W, YANG S B, ZHOU H X, et al. 3D graphene foams cross – linked with pre – encapsulated Fe_3O_4 nanospheres for enhanced lithium storage [J]. Advanced Materials, 2013, 25(21): 2909 – 2914.

[26] JINKAWA T, SAKAI G, TAMAKI J, et al. Relationship between ethanol gas sensitivity and surface catalytic property of tin oxide sensors modified with acid-ic or basic oxides [J]. Journal of Molecular Catalysis A: Chemical, 2000,

155: 193 - 200.

[27] DHALL S, KUMAR M, BHATNAGAR M, et al. Dual gas sensing properties of graphene – Pd/SnO_2 composites for H_2 and ethanol: Role of nanoparticles – graphene interface [J]. International Journal of Hydrogen Energy, 2018, 43 (37): 17921 - 17927.

[28] CHOI K S, CHANG S P. Effect of structure morphologies on hydrogen gas sensing by ZnO nanotubes [J]. Materials Letters, 2018, 230: 48 - 52.

[29] ZHOU Z H, WU X M, WANG Y, et al. Characteristics of adsorption and desorption of hydrogen on multi – walled carbon nanotubes [J]. Acta Physico – chimica Sinica, 2002, 18(8): 692 - 698.

[30] SONG H, LI X, CUI P, et al. Sensitivity investigation for the dependence of monolayer and stacking graphene NH_3 gas sensor [J]. Diamond and Related Materials, 2017, 73: 56 - 61.

[31] HUANG C S, HUANG B R, JANG Y H, et al. Three – terminal CNTs gas sensor for N_2 detection [J]. Diamond and Related Materials, 2015, 14(11 - 12): 1872 - 1875.

[32] LIANG T, LIU R F, LEI C, et al. Preparation and test of NH_3 gas sensor based on single – layer graphene film [J]. Micromachines, 2020, 11 (11): 965.

[33] CADORE A R, MANIA E, ALENCAR A B, et al. Enhancing the response of NH3 graphene – sensors by using devices with different graphene – substrate distances [J]. Sensors and Actuators B: Chemical, 2018, 266: 438 - 446.

[34] GAUTAM M, JAYATISSA A H. Ammonia gas sensing behavior of graphene surface decorated with gold nanoparticles [J]. Solid – State Electronics, 2012, 78: 159 - 165.

[35] SEIFADDINI P, GHASEMPOUR R, RAMEZANNEZHAD M, et al. Room temperature ammonia gas sensor based on Au/graphene nanoribbon [J]. Materials Research Express, 2019, 6(4): 045054.

[36] ZHANG H J, MENG F N, LIU L Z, et al. Highly sensitive H_2S sensor based on solvothermally prepared spinel $ZnFe_2O_4$ nanoparticles [J]. Journal of Alloys

and Compounds, 2018, 764(5): 147 –154.

[37] ZHANG H J, MENG F N, ZHANG X R, et al. Convenient route for synthesis of alpha – Fe_2O_3 and sensors for H2S gas[J]. Journal of Alloys and Compounds, 2019, 774: 1181 –1188.

[38] ZHANG H J, LIU L Z, ZHANG X R, et al. Microwave – assisted solvothermal synthesis of shape – controlled $CoFe_2O_4$ nanoparticles for acetone sensor[J]. Journal of Alloys and Compounds, 2019, 788: 1103 –1112.

第7章 石墨尾矿合成硅钙基晶须与综合利用技术

随着新能源汽车等新兴产业的迅速发展,天然石墨资源的开采与加工已上升为国家战略。以黑龙江省为例,省政府工作报告中多次提到依托石墨资源优势大力发展石墨深加工产品,另外,也着重提出要尽快破解石墨产业发展瓶颈,尤其是要尽快合力推动石墨尾矿实现资源化利用。

7.1 石墨尾矿应用现状与问题分析

由于石墨尾矿排放量大,可利用性差,在尾矿库大量、长期堆积,不仅占用大量土地,对区域生态环境也产生了不利影响。部分石墨尾矿库属于一种高势能人造泥石流危险源,易发生溃坝事故。表7-1为黑龙江省某石墨矿区的石墨尾矿化学元素全分析结果,化学元素分析项目包括 SiO_2、Fe_3O_4、FeS、Al_2O_3、K_2O、Na_2O、CaO、MgO、TiO_2 等,分析发现样品中还含有 2.21% 的 C,这说明该尾矿中还含有一定的石墨矿。这些元素都是以一定的矿物形式存在的,其 XRD 谱图如图7-1所示。

表7-1 石墨尾矿化学元素全分析结果

元素	SiO_2	Fe_3O_4	FeS	Al_2O_3	K_2O	Na_2O	CaO	MgO	TiO_2	C
含量/%	60.36	5.15	3.28	11.92	2.64	0.47	7.10	0.50	0.04	2.21

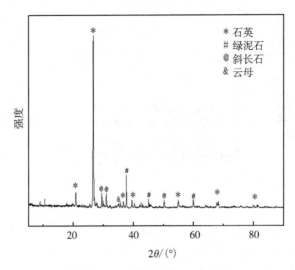

图 7 - 1　石墨尾矿的 XRD 谱图

进一步分析石墨尾矿矿物组成如表 7 - 2 所示,证明尾矿中主要矿物为石英,其他矿物以斜长石和云母为主,结合前面的元素分析可知,Si 主要以石英的形式存在,含量较多的 Al、Fe 则主要存在于斜长石和云母中,可见具有高附加值的成分较少,可利用性差。

表 7 - 2　石墨尾矿矿物组成分析结果

矿物	石英	坦桑石	斜长石	硅钛钙钾石	云母	绿泥石
含量/%	78.0	3.0	8.0	3.0	6.0	2.0

粒度组成采用干法筛分进行分析,选用的筛子分为 50 目、80 目、100 目、200 目和 325 目,其粒度组成如表 7 - 3 所示,表面形貌如图 7 - 2 所示,可见粒度较细。从应用现状看,石墨尾矿资源化利用的研究尚处于初级阶段,对石墨尾矿的特性研究不充分、不全面,利用率较低。前几年,利用石墨尾矿生产建筑用砖和水泥构件的企业,由于产品附加值较低,销售区域受运输半径影响较大,即使在有效运输半径内,由于产品价值不高,仍竞争不过无添加石墨尾矿的传统产品。

表 7 - 3　石墨尾矿粒度组成

粒度组成	+50 目	+80 目	+100 目	+200 目	+325 目	-325 目
含量/%	20.43	32.15	20.42	16.48	6.45	4.03

图 7 - 2　石墨尾矿表面形貌的 SEM 图

　　如图 7 - 3 所示,硅钙基晶须可替代钛白粉、白炭黑、石棉、植物纤维、玻璃纤维等应用于众多领域。本章首先分选出高品位磁铁成分,再通过精选等工艺处理,使分选出来的磁铁精粉达到冶铁精矿级别,通过少量添加或利用尾矿特有元素对分选后非磁尾矿开发具有应用前景广、价值较高的硅钙基晶须功能性材料。本章的研究意义如下:在应用方面,一是有效分离尾矿磁性物,弥补钢铁行业冶炼精矿短缺现状;二是低成本、规模化生产硅钙基晶须,将无定形的石墨尾矿通过化学方法变成纳米材料,成为新型复合材料的增韧增强填料。在研究领域拓展方面,可引导相关科研工作者在后续研究工作中拓展石墨尾矿生产的硅钙基晶须在造纸行业、建筑行业等领域的应用,开发系列高附加值石墨尾矿制备的硅钙基晶须复合新材料。

图 7 – 3　硅钙基晶须表面形貌的 SEM 图

7.2　石墨尾矿磁化产品分级及制备硅钙基晶须设备与工艺

　　硅钙基晶须是一类非常重要的无机非金属材料,通常大量存在于固化后的水泥及混凝土中,以固相整体结构存在,一般通过水热合成技术合成硅钙基晶须粉体。硅钙基晶须粉体通常以成本较高的白炭黑、硅酸钠等作为原材料。随着科技不断进步,以工业固体废弃物为钙源和硅源制备硅钙基晶须的绿色方法成为研究与开发的热点。任塑等人利用粉煤灰和电石渣制备了形貌可控的硅钙晶须,但在开发过程中先用氢氧化钠与电石渣反应制备硅酸钠,再以硅酸钠为硅源,工艺较为烦琐。程芳琴等人利用普通粉煤灰为主要原料,合成了不同类型的硅酸钙晶须,但加热温度较高,从而提高了生产成本。硅钙基晶须应用前景较为广阔,目前主要应用于以下几方面:一是以硅钙基晶须为主要原料,开发具有质轻、强度高、导热系数低等优良特性的保温隔热材料,其中,刘飞等人利用白炭黑成功制备了硅钙基晶须,并开发了保温材料制品;二是利用硅钙基晶须具有内部空隙发达、比表面积大等特点,生产优质吸附材料;三是利用硅钙基晶须长径比高、抗热性与韧性强等特点,开发石棉相关替代产品及新型复合材料。综上所述,石墨尾矿通过低成本合成纳米晶须,应用从普通"砖、瓦、泥"

向新型复合材料转变。

7.2.1　石墨尾矿磁化产品分级及制备硅钙基晶须工艺

本章采用简单易实现、规模化且成本较低的技术工艺,对石墨尾矿进行全方位应用。另外,本章技术特点与优势在于生产过程中不产生二次固废。此工艺主要分为三步:(1)对石墨尾矿磁化处理;(2)利用先进磁选技术对石墨尾矿中的磁性物进行有效分离,得到高品位磁铁粉副产物;(3)对非磁尾矿加入氢氧化钙进行水热反应;(4)对水热反应后的物料进行固液分离、烘干,最终得到硅钙基晶须。本工艺的主要特点与优点在于:(1)利用石墨尾矿含有 2% ~3% 碳元素及大量浮选油残留的特点,在不同价态铁元素的磁化过程中,不加或少量添加煤炭作为还原剂对其进行磁化,具有成本低、效率高的特点;(2)利用石墨尾矿粒径较小、含硅矿物组分高的优势,降低水热合成硅钙基晶须的反应温度与反应时间。具体工艺路线如图 7-4 所示 。

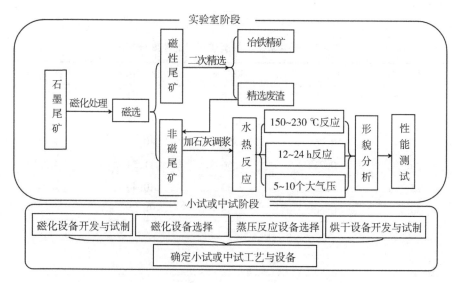

图 7-4　石墨尾矿合成硅钙基晶须工艺路线

7.2.2 石墨尾矿磁化产品分级及制备硅钙基晶须设备

本章对石墨尾矿进行综合利用处理,主要设备分为三大类:一是再次磨矿设备;二是磁选设备;三是高压反应釜。其他附加设备包括搅拌设备、固液分离设备、烘干设备等。

7.2.3 石墨尾矿磁性物分级

7.2.3.1 石墨尾矿再磨矿实验结果与讨论

表7-4为石墨尾矿不同磨矿时间的粒度分布表,在不同磨矿时间条件下,D50呈现逐渐降低趋势,当磨矿时间增至25 min时,D50为2.34 μm,如图7-5所示,视野中可见最大粒径也小于10 μm。当磨矿时间增至30 min时,D10为0.66 μm,D50为2.33 μm,说明在此设备下,进一步延长磨矿时间,其粒度分布将无明显变化。

表7-4 石墨尾矿不同磨矿时间的粒度分布表

磨矿时间/min	D10/μm	D50/μm	D90/μm	平均/μm
5	0.78	3.50	11.04	5.01
10	0.76	3.13	12.78	4.77
15	0.76	2.58	10.82	4.45
20	0.71	2.56	11.54	4.23
25	0.66	2.34	10.46	4.04
30	0.66	2.33	9.57	3.92

图 7 – 5　磨矿 25 min 后石墨尾矿的 SEM 图

7.2.3.2　石墨尾矿磨矿前后磁选实验结果与讨论

　　图 7 – 6 为石墨尾矿再次磨矿前与不同再磨时间的磁性物产率,磁性物产率在 20 min 前增长较为明显,到达 20 min 后磁性物产率为 14.34%,而时间延长至 25 min 时磁性物产率为 14.67%,进一步延长磨矿时间至 30 min 时磁性物产率同样为 14.67%。随着目标矿物与杂质结合在一起,磁场不足以对其进行有效分离,而随着一定时间的磨矿,磁性产物与其他非磁尾矿进行了有效分离,产率达到高点,随着再次磨矿时间的延长,产率无明显变化,说明在此磁场下,磁性物得到了最佳的分离程度。

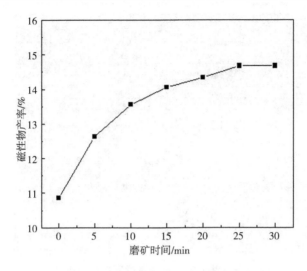

图 7-6 不同磨矿时间的磁性物产率

表 7-5 为石墨尾矿再磨 25 min 后的磁性物化学成分分析,表 7-6 为石墨尾矿再磨 25 min 后的非磁性物化学成分分析。由表 7-5 与表 7-6 对比可见,磨矿后,在此磁选分离条件下石墨尾矿磁性被有效分离。表 7-5 结果表明,磁性的四氧化三铁中还存在硅、铝基杂质和硫化亚铁,要想得到纯净磁铁矿,还需对此分离的磁性物进行再处理。表 7-6 结果表明,以硅、铝基矿物主为,同时存在较高含量的钙与硫化亚铁。

表 7-5 磁性物化学成分分析

化学成分	含量/%
Fe_3O_4	34.538
SiO_2	27.075
FeS	21.443
CaO	6.153
Al_2O_3	7.285
K_2O	2.169
MgO	1.683
Cr_2O_3	0.507

续表

成分化学	含量/%
Na_2O	0.338
TiO_2	0.363
NiO	0.135
MnO_2	0.088
Cl	0.045
V_2O_5	0.090
P_2O_5	0.090
ZnO	0.029

表 7 - 6　非磁性物化学成分分析

化学成分	含量/%
SiO_2	40.221
CaO	12.592
Fe_2O_3	1.770
Al_2O_3	9.208
K_2O	3.403
FeS	5.475
MgO	2.040
TiO_2	0.890
Na_2O	0.305
MnO_2	0.191
P_2O_5	0.207
V_2O_5	0.103
SrO	0.053
Cl	0.042
NiO	0.047
ZnO	0.041
Cr_2O_3	0.036
Rb_2O	0.015

7.2.3.3 磁性石墨尾矿再次精选实验结果与讨论

本节对磁性物的再处理工艺与方案如下。

步骤一:对初步分选的磁性物在 700 ℃热处理 1 h。

步骤二:对热处理后的上述物料进行水淬。

步骤三:将上述水淬物料调整固液比为 30 g/L,超声处理 20 min。

步骤四:对上述超声后物料进行磁选分离。

步骤五:对磁性物进行收集、固液分离、烘干与测试。

按上述工艺与方案进行再处理后,磁性物产率为 75%,其化学分析结果如表 7 - 7 所示,可见硅、铝基杂质含量明显降低,而四氧化三铁与硫化亚铁含量明显升高。

表 7 - 7　再次磁选分离后磁性物化学成分分析

化学成分	含量/%
Fe_3O_4	53.526
SiO_2	6.067
FeS	26.332
CaO	6.153
Al_2O_3	2.295
K_2O	2.169
MgO	1.683
Cr_2O_3	0.608
Na_2O	0.343
TiO_2	0.354
NiO	0.126
MnO_2	0.088
Cl	0.032
V_2O_5	0.072
P_2O_5	0.452
ZnO	0.019

上述磁性物料可以作为磁铁矿入选原料,包括进一步磁化与浮选等工艺,本书旨在为企业及未来相关科研工作提供一种在石墨尾矿提取高纯磁性铁矿物思路,在此不作进一步详细分析。

7.2.3.4　非磁性石墨尾矿磁化处理和精选实验结果与讨论

初步磁选分离后收集的非磁性物中含有一定的三氧化二铁与非磁的硫化亚铁,对此物料进行磁化处理及再次磁选分离,既有效提高了磁性矿物的产率,又提高了石墨尾矿中硅、铝矿物的含量,具体工艺与方案如下。

步骤一:将初步磁选分离的非磁性物与焦炭按质量比为 $10:0.5$ 混合。

步骤二:将上述物料放入高温气氛炉中,通入一定量的氮气进行保护,热处理温度为 $700\ ℃$,热处理时间为 $2\ h$。

步骤三:待上述物料降至室温后取出进行超声。

步骤四:对超声后的物料进行磁选分离。

步骤五:对磁性物进行收集、固液分离、烘干与测试。

按上述工艺与方案进行再处理后,非磁性物产率为 95%,其化学分析结果如表 7-8 所示,可见硅、铝基矿物含量升高,三氧化二铁与硫化亚铁含量明显下降,此时非磁石墨尾矿经磁化处理 + 再次磁选分离主要成分为二氧化硅、氧化钙、三氧化二铝等,同时发现氧化钾的含量较高,从物质组成分析,推测此种非磁石墨尾矿能够提取更多、更有价值的产品,从而提高石墨尾矿综合利用价值。

表 7-8　非磁石墨尾矿磁化处理及磁选分离后化学成分分析

化学成分	含量/%
SiO_2	45.467
CaO	12.615
Fe_2O_3	0.610
Al_2O_3	9.243
K_2O	3.403

续表

化学成分	含量/%
FeS	0.333
MgO	1.981
TiO_2	0.890
Na_2O	0.311
MnO_2	0.194
P_2O_5	0.214
V_2O_5	0.095
SrO	0.056
Cl	0.037
NiO	0.032
ZnO	0.018
Cr_2O_3	0.015
Rb_2O	0.012

7.2.4　非磁性石墨尾矿合成硅钙基晶须

7.2.4.1　非磁性石墨尾矿合成硅钙基晶须工艺

对非磁石墨尾矿进行改性处理,具体工艺与方案如下。

步骤一:非磁石墨尾矿、氢氧化钙、水按质量比 $1:0.8:5$ 进行混合。

步骤二:将上述混合物转移至高压反应釜,分别设定反应温度为 140 ℃、170 ℃、200 ℃、230 ℃,反应时间为 6 h。

步骤三:待上述高温高压反应的物料降温、降压后,对物料进行固液分离。

步骤四:收集固液分离的滤饼进行烘干处理,滤液进行保存,方便下一步分析钾离子含量。

图 7-7 为不同水热反应温度尾矿的表面形貌。当反应温度为 140 ℃时,表面形貌如图 7-7(a)所示,尾矿颗粒开始"片层化",此温度条件下不能进一步改变其形貌。当反应温度为 170 ℃时,尾矿向片状进一步转化,同时与尾矿

颗粒的主体分离,形成单独的片状结构,如图 7 - 7(b)所示。当反应温度为
200 ℃时,尾矿从片状转化为粒子及其团聚状态,并混有少量的晶须结构,其原
因是随温度的进一步升高,水热溶液中的氢氧根对硅、铝基矿物腐蚀加快,由于
物料中存在一定的钾元素,促进了硅、铝基矿物向可溶性的硅酸钾或硅铝酸钾
反应,如图 7 -7(c)所示。当反应温度为 230 ℃时,尾矿由粒子状态转为粒子与
晶须共存状态,其原因是随温度的进一步升高,水热溶液中的氢氧根对硅、铝基
矿物腐蚀进一步加快,可溶性的硅酸钾或硅铝酸钾在此水热反应体系中达到饱
和,同时与钙离子反应,以最初的晶核到沿表面能较高的纵向延伸沉积,逐渐变
成晶须结构,推测随反应时间的延长,晶须结构将逐步增多,最终合成硅钙基
晶须。

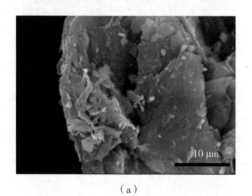

（a）

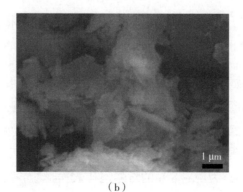

（b）

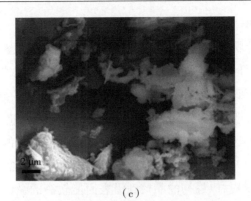

(c)

(d)

图7-7 不同水热反应温度石墨尾矿的 SEM 图

(a)140 ℃;(b)170 ℃;(c)200 ℃;(d)230 ℃

7.2.4.2 非磁性石墨尾矿合成硅钙基晶须实验结果与讨论

图7-8为230 ℃不同水热反应时间石墨尾矿的表面形貌。图7-8(a)为反应4 h后,石墨尾矿表面形貌,在此反应温度及时间条件下,尾矿大多粒子化,此现象和温度为200 ℃反应6 h的结果基本相同,一方面证明在晶须合成的过程中,粒子化是其必经过程,另外也可以推测,在反应温度为200 ℃时,通过延长反应时间,也可以得到理想的晶须结构。图7-8(b)为反应6 h的石墨尾矿表面形貌。图7-8(c)为反应8 h的石墨尾矿表面形貌,视野中以较细的晶须为主,右下方箭头所示的棉絮状物质可能是过量的无定形氢氧化钙。图7-8(d)为反应10 h的石墨尾矿表面形貌,由于晶须结构的纵向晶面具有较高的表面能,这种高表面能晶面通常会表现出较高的化学活性,所以最初沿纵向延伸

形成晶须或棒状结构,在材料合成过程中,由于较高表面能的晶面生长速率较快而消失,最终晶粒的表面留下的大多是生长较慢的低表面能晶面,当反应时间进一步延长时,Ca^{2+}不只在不规则处富集,尖端效应减弱,所以形成晶须结构便会加长、加宽,最终可能形成板条结构,较短的晶须可能"变胖",继而成为较大的粒子,如图7-8(d)箭头所示。

（a）

（b）

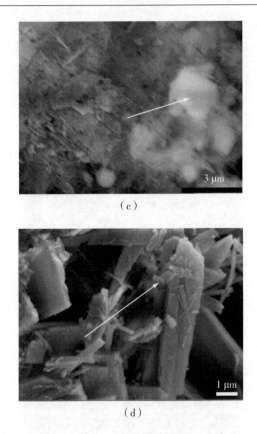

图7-8   230 ℃不同水热反应时间石墨尾矿的 SEM 图
(a)4 h;(b)6 h;(c)8 h;(d)10 h

石墨尾矿在与氢氧化钙反应时,第一阶段为溶解阶段,第二阶段为硅酸钙或硅铝酸钙沉淀的再组装过程,对于含碱性金属阳离子的长石,此反应最终也可以解释为阳离子替换过程。为了验证上述猜想,笔者对水热后固液分离的溶解反应进行化学分析,其中主要为钾离子和钙离子,呈现强碱性,从而推测在反应过程中添加一定量的氢氧化钠会加快无定形石墨尾矿向晶须转变。调节反应物料配方,即非磁石墨尾矿、氢氧化钙、氢氧化钠、水按质量比为1∶0.8∶0.1∶5进行混合,其他工艺参数不变,验证不同反应时间石墨尾矿的变化,如图7-9所示。图7-9(a)为反应2 h后石墨尾矿的表面形貌,已变成较小的粒子状。图7-9(b)为反应4 h后石墨尾矿的表面形貌,与图7-9(a)相比,加入一定量的氢氧化钠后,部分石墨尾矿从粒子状向晶须状转变,证明氢氧化钠的参与的

确提高了其反应速度。图 7 - 9(c)为反应 6 h 后石墨尾矿的表面形貌,与图 7 -
9(b)相比,全部为细小粒子与晶须形态,并且以晶须结构为主。图 7 - 9(d)为
反应 8 h 后石墨尾矿的表面形貌,可见形成的晶须大小较为均匀,长度平均为
4 μm,其 XRD 谱图如 7 - 10 所示,均为硅酸钙的特征峰。

(a)

(b)

（c）

（d）

图7-9　添加氢氧化钠后不同反应时间的石墨尾矿转变为晶须的 SEM 图

(a)2 h；(b)4 h；(c)6 h；(d)8 h

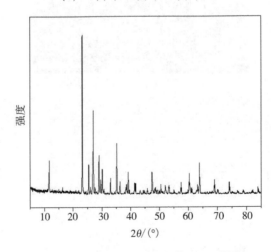

图7-10　反应8 h后晶须的 XRD 谱图

目前高品质硅钙基晶须的合成过程分为两步,第一步是制备可溶性硅酸钠,第二步是硅酸钠与氢氧化钙进行水热反应,尽管合成的硅钙基晶须不会出现未反应完成残留的颗粒,但工艺还是较为复杂,在硅钙基晶须应用于建材等领域,以晶须形状为填料时,常常配以一定比例的颗粒状的填料,从而提高其耐磨、抗拉强度等性能。

7.2.4.3　非磁性石墨尾矿合成硅钙基晶须应用前景与效益分析

硅钙基晶须可替代钛白粉、锌钛白、白炭黑、沉淀硫酸钡、石棉、植物纤维、玻璃纤维等应用于众多领域。在造纸行业方面,硅钙基晶须添加量可达 5% 左右,仅此行业低成本的硅钙基晶须需求量超过 550 万吨;在保温隔热材料方面,2022 年全球硅酸钙保温板需求总量约为 2900 万吨,以硅酸钙晶须粉体为原料制备高强度硅钙基保温材料,添加量可达 50% 左右。总之,硅钙基晶须是一种耐酸、碱、化学腐蚀的新型纳米材料,具有油性低、电导率低、绝缘性好等特点,随着合成技术的不断突破,结构和性质多样的硅钙基晶须将会应用于更多行业领域,市场需求也将越来越大。

按石墨尾矿增值计算,部分企业的石墨尾矿被定为固体废弃物,尾矿购买成本基本可视为零,由于添加石灰作为钙源,每吨石墨尾矿可出主产品硅钙基晶须 1.5 t 左右,石灰加合成的总成本约为 350 元/吨,目前市场价格约为 1500 元/吨,尾矿得到了增值,另外,每吨石墨尾矿可分选 5 ~ 10 kg 磁铁精粉,生产成本按原尾矿计 10 元/吨,目前磁铁精粉市场价格为 800 元/吨,尾矿进一步得到增值。

随着新能源、新材料的迅猛发展,石墨应用领域越来越广,市场需求量连年大增。本研究突破目前石墨尾矿仅应用于普通低值建材,有效引导企业在排尾环节布局磁选工艺,不仅弥补了部分省份铁矿资源欠缺的现状,还为企业带来一定经济效益,另外,高附加值技术的应用与推广促进了存量企业绿色化技术改造,实现干排,大量节约了水资源,并降低了尾矿库风险,破解石墨产业发展瓶颈,推动石墨产业高质量发展。

7.3 石墨尾矿其他典型应用产品与工艺

7.3.1 建筑用轻质发泡陶瓷板材制备工艺

原材料采用商用水泥、石墨尾矿、硅钙基晶须、氧化钙、微米级铝粉,建筑用轻质发泡陶瓷板材制备的工艺与方案如下。

步骤一:将水泥、石墨尾矿、硅钙基晶须、氧化钙、铝粉、水按质量比为100:200:1:1:0.1:500进行混合,其中铝粉待其他几种物质搅拌均匀再加入。

步骤二:将上述物料倾倒于一定长度和深度的模具中,要求模具底部与四周预留一定空隙,便于物料渗出多余水分。

步骤三:待进入模具的物料初步成形后,将其转移至高温反应罐。

步骤四:设定高温反应罐的反应温度为180 ℃,反应时间为12 h。

步骤五:待上述反应物料降压后,打开高温反应罐,即可得到原模具尺寸的石墨尾矿基发泡陶瓷板材。

上述工艺与方案制备的发泡陶瓷板材图如7-11所示,可见气孔比较均匀,其性能指标如表7-9所示。

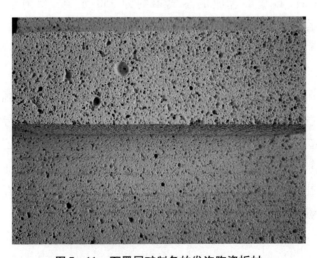

图7-11 石墨尾矿制备的发泡陶瓷板材

表 7 - 9　石墨尾矿制备的发泡陶瓷板材性能指标

测试指标	国家标准	测试值
干密度/(g·cm⁻³)	优等(A)≤700 优等(B)≤725	698
抗压强度/MPa	平均值≥5.0 最小值≥4.0	≥5.3 ≥4.0
干燥收缩值/(mm·m⁻¹)	平均干燥收缩值≤0.50	≤0.47
软化系数	—	0.84
吸水率/%	—	60.1
干燥导热系数/(W·m⁻¹·k⁻¹)	≤0.18	0.16

此种发泡陶瓷板材可浮于水上,具备保温、隔音等优异性能,可广泛应用于建材、水处理等领域,具有较高的应用推广价值。

7.3.2　硫酸钾液体肥产品制备工艺

钾元素与钠元素都属于碱土金属,化学性质较为相近,在岩浆岩中的含量接近,比如各类花岗岩、玄武岩等。钾元素及矿物是我国紧缺的资源,在地表风化条件下,钠、钙、镁等元素表现得较为活泼,在风化的最初阶段,钙、钠、镁从硅酸盐晶格中释放出来被地表水、地下水溶解、带出,在海洋中富集。海水中的钙被生物、化学作用沉淀下来形成各种灰岩,钠以氯化钠的形式溶解在海水中。硅、钾、锰等元素较为稳定,迁移能力较小,在地表风化条件下,角闪石、辉石、黑云母等岩浆岩矿物首先形成绢云母、水云母等硅酸盐矿物,这些矿物中含有大量的钾,而几乎不含钠、钙、镁,大多保留在原地或者被水冲刷到各种陆源沉积物中保留下来。实验中通常采用酸浸方式提钾,再经过调节 pH 值去掉铁、铝等金属元素,但钠元素与钾元素的分离较为困难,而石墨尾矿中钾元素的含量为钠元素的 10 倍以上,以氧化钾计算约占 3%,因此在已经被破碎的石墨尾矿中提取钾元素制备钠元素含量较少的液体肥料具有一定的研究意义。

本节设计的提钾工艺在磁选分离后进行,因为在分离大量的磁性铁后,石墨尾矿中可溶的金属以铝为主,本工艺与设计方案在提取钾元素的同时,生产副产品硫酸铝作为污水处理的絮凝剂,具体工艺与方案如下。

步骤一:采用非磁性石墨尾矿磁化处理与再次磁选分离后的尾矿为原料,以氧化钾计算含量为 3.4%。

步骤二:将上述物料与浸出液按质量比为 1:1.5 混合,浸出液按水、硫酸、双氧水、表面活性剂质量比为 10:0.4:0.1:0.05。

步骤三:将上述混合物料转移至高压反应釜,浸出温度为 80 ℃,搅拌速度为 100 r/min,浸出时间为 8 h。

步骤四:待上述物料降温降压后,对其进行固液分离。

步骤五:对上述固液分离后的滤饼进行清洗,用水量不超原尾料的 2.5 倍。

步骤六:对固液分离与清洗水进行合并收集,用氨水调节 pH 值至 11 左右,铝等金属形成絮状沉淀。

步骤七:对上述沉淀进行絮凝分离,即可得到硫酸铵、硫酸钾混合的液体肥料。

按上述工艺与方案操作,酸浸后石墨尾矿表面形貌如图 7 − 12 所示,可见表面出现大小不一的腐蚀坑,是金属元素及钾元素浸出后留下的空隙。高压浸出后,钾元素的浸出量约为 80%,在上述条件下,液体肥料中硫酸钾含量约为 1%,硫酸铵含量约为 4%。

图 7 − 12　酸浸后石墨尾矿的 SEM 图

7.3.3　石墨尾矿典型产品与制备工艺

石墨尾矿典型产品如图 7 - 13 所示。直接应用方面,如果针对石墨矿产的开采坑,简单处理后就可直接填充覆盖,主要处理方式是除去浮选油,可以采用水洗或热处理工艺,小规模或采矿坑周围水系丰富时可采用热处理,大规模或封闭坑可采用简单清洗工艺。简单加工方面,简单的可以对尾矿进行分级,颗粒较大的部分可替代河砂应用于建筑领域。综上所述,在对石墨尾矿细分处理后,可制备多种原材料或商业化产品。

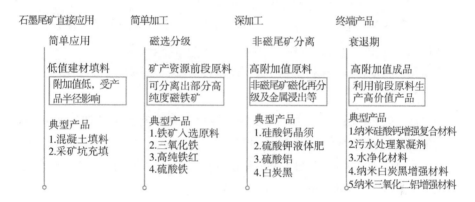

图 7 - 13　石墨尾矿典型产品

7.4　结论与展望

石墨深加工尤其是石墨尾矿的综合利用技术涉及领域众多,包括化学、机械、材料、矿物加工等,针对目前石墨产品的价值不高、品质不优、产能过剩等问题,本章通过磁化分级处理,分别设计了高纯磁铁产品、硅铝基晶须、尾矿提钾合成液体肥等基础工艺,可能存在研究深度不够、理论不甚完善等缺点,但本书对其进行分类加工基础研究,项目技术特点是采用简单易实现、规模化且成本较低的技术工艺,对石墨尾矿进行全方位应用,另外,本工艺技术特点与优势在于生产过程中不产生二次固废。以上思路可为企业提供产品开发思路,为其他科研工作者提供数据与实验基础，为推动石墨产业健康发展贡献一份力量。

7.5　本章参考文献

[1] 孙小巍，张雯琪，杨林，等. 石墨尾矿蒸压加气混凝土性能研究[J]. 非金属矿. 2022, 45(5): 92 – 96

[2] 周婷，孙静，陈浩，等. 冻融循环作用下石墨尾矿抗剪强度特性研究[J]. 黑龙江大学工程学报(中英俄文)，2023, 14(2): 65 – 71.

[3] 蒋睿新，王正君，董佳昕，等. 石墨尾矿砂应用研究现状与发展趋势分析[J]. 水利科学与寒区工程，2023, 6(4): 19 – 23.

[4] 张韬，程飞飞，孔建军，等. 萝北某石墨尾矿铁含量对制备发泡陶瓷性能影响研究[J]. 矿产保护与利用，2022, 42(6): 123 – 127.

[5] 段旭晨. 石墨尾矿建材化利用研究现状及展望[J]. 陶瓷，2023(1): 17 – 19, 22.

[6] 赵燕茹，关鹤，侯明良，等. 石墨原矿导电混凝土的制备与性能研究[J]. 功能材料，2023, 54(4): 4216 – 4224.

[7] 郝闪，刘松涛，李思瑶，等. 微生物矿化技术固化石墨尾矿的影响因素研究[J]. 中国建材科技，2023, 32(1): 123 – 125.

[8] 王哲飞，潘卫，赖玮，等. 石墨尾矿基微波介质陶瓷的制备与性能研究[J]. 非金属矿，2021, 44(4): 94 – 97.

[9] 唐诗洋，丁会敏，张玥，等. 石墨尾矿在建材中应用的研究进展[J]. 黑龙江科学，2022, 13(24): 37 – 39.

[10] 刘洪波，蒋垚俊，刘本山，等. 石墨尾矿光催化材料对降解亚甲基蓝的研究[J]. 黑龙江大学工程学报，2022, 13(3): 45 – 49.

[11] 陈真，陈松，刘猛锐，等. 不同替代率石墨尾矿砂混凝土断裂试验[J]. 科学技术与工程，2021, 21(22): 9541 – 9548.

[12] 高东，赵海涛，仲伟程. 大掺量石墨尾矿绿色泡沫混凝土的研究[J]. 散装水泥，2022(3): 181 – 184.

[13] 何善能，秦毅. 石墨尾矿混凝土耐久性与抗氯离子侵蚀性研究[J]. 金属矿山，2022 (6): 225 – 229.

[14]王允威,魏弦,马光强. 工艺参数对石墨尾矿透水材料性能影响的研究[J]. 福建建材, 2018(1): 5 - 7,29.

[15]石鑫,杨绍利,马兰. 利用尾矿制备多孔陶瓷的研究进展[J]. 四川冶金, 2019, 41(5): 15 - 20.

[16]吴建锋,金昊,徐晓虹,等. 利用石墨尾矿研制陶瓷仿古砖[J]. 硅酸盐学报, 2019, 47(12): 1760 - 1767.

[17]丁士华,严欣堪,宋天秀,等. 低介 $Ba(Al_{0.98}Co_{0.02})_2Si_2O_8 - Ba_5Si_8O_{21}$ 基 LTCC 微波介质陶瓷的研究[J]. 西华大学学报(自然科学版), 2020, 39(3): 1 - 6.

[18]李栋学,张弛,丛昕彧,等. 高温活化石墨尾矿对水泥砂浆力学性能的影响[J]. 建设科技, 2020(23): 93 - 97.

[19]徐鹏,刘忠,王成海,等. 纤维原位合成硅酸钙及其造纸性能[J]. 天津科技大学学报. 2017, 32(3): 45 - 49.

[20]胡锐,张韬,程飞飞,等. 萝北某石墨采选固废制备发泡陶瓷试验研究[J]. 非金属矿, 2022, 45(3): 56 - 58,62.

[21]隋光辉,程岩岩,陈志敏,等. 综合利用稻壳制备木糖、电容炭与硅酸钙晶须[J]. 高等学校化学学报, 2019, 40(2): 224 - 229.

[22]刘殿阁. 尾矿干堆工艺发展及应用[J]. 黑龙江冶金, 2015, 35(2): 60,62.

[23]解伟,隋利军,何哲祥,等. 我国尾矿处置技术的现状及设想[J]. 矿业快报, 2008(5): 10 - 12.

[24]海韵,廖立兵,吕国诚,等. 黑龙江萝北石墨尾矿的工艺矿物学研究[J]. 人工晶体学报, 2015, 44(3): 621 - 626.

[25]刘淑贤,魏少波,牛福生,等. 石墨尾矿中绢云母的综合鉴定及浮选回收试验[J]. 化工矿物与加工, 2014, 43(6): 20 - 22.

[26]刘玉林,刘长森,刘红召,等. 我国矿山尾矿利用技术及开发利用建议[J]. 矿产保护与利用, 2018(6): 140 - 144.

[27]何哲祥,田守祥,隋利军,等. 矿山尾矿排放现状与处置的有效途径[J]. 采矿技术, 2008(3): 78 - 80.

[28]印万忠. 尾矿堆存技术的最新进展[J]. 金属矿山, 2016(7): 10 - 19.

[29]吴爱祥,王少勇,王洪江. 尾矿浸出技术现状与存在问题[J]. 金属矿山,2009,38(7):1-4.

[30]冯满. 尾矿浓缩和膏体尾矿的地面堆放[J]. 现代矿业,2009(10):82-86.